人工知能の基礎

馬場口 登・山田誠二 共著

第2版のまえがき

本書「人工知能の基礎」の第1版出版から15年の歳月が経ったが，この間に人工知能では様々な進展があった．我が国の教育分野では，人工知能に関係する講義が大学院・大学・高専の情報工学，情報系のカリキュラムに定着し，情報系の大学生が身につける専門知識として広く認知されるに至っている．また，人工知能の研究自体も，インターネット，Webのインフラ整備とそのエンドユーザの増加によるネット上で蓄積される情報が膨大になったことを受けて，統計的機械学習，データマイニング，Webインテリジェンス，エージェント，集合知など多様な概念が導入され，新たな研究分野を生み出してきている．

本書第2版では，人工知能におけるここ15年の動向について，誌面の制約から筆者が重要と考えるものに絞って，書き下ろし，加筆を行った．その選択基準は筆者の研究スタンスを反映しており，実世界での知的処理，システムの適応学習メカニズム，人間とのインタラクションが中心となっている．より具体的には，推論における不確実性の扱い（ベイジアンネットワーク），統計的機械学習における基本的アルゴリズムと新たな進展（サポートベクターマシン，相関ルール，クラスタリング），エージェントとインタラクション（エージェントアーキテクチャ，ヒューマンエージェントインタラクション，インタラクティブ機械学習，ユーザ適応システム）などである．これらの研究トピックは，アカデミックに興味深いだけでなく，今後の人工知能の実応用化を進めるために必要不可欠な技術であると考える．また，これから人工知能を学ぶ方にとっても，知的好奇心をかき立て，基礎的知識として必要なものと考える．

現在人工知能は細分化されているという見方があるが，筆者は人工知能研究の根本的価値観と方向性は共通していると考えている．読者には，その近年の人工知能研究の価値観，方向性を本書「人工知能の基礎（第 2 版）」に新たに加筆された部分で感じていただき，興味をもってさらに学習，研究を進めていく契機になれば幸いである．

2015 年 1 月

著　　者

まえがき

人工知能（AI：Artificial Intelligence）とは，人間の持つ知的な能力を機械によって実現しようとする研究である．ある意味では，人間と機械の競争と言えるかもしれない．ゼノンのうさぎと亀のパラドックスではないが，機械がようやく追いついたと思っても，人間は常に一歩も百歩も先んじている．これがAIの歩みであった．

1997年春，チェスの世界チャンピオン・カスパロフがDeep Blueなるコンピュータに真剣勝負の末，敗れ去った．天才シャノンによる1950年のチェスプログラムがAIプログラムの嚆矢とされているので，実に半世紀を経て，コンピュータが人間を凌駕するに至ったのである．チェスなどのゲームプログラミングは，AI黎明期の中心的課題であったし，また時代につれてAIの進捗度を表す一つの指標でもあった．Deep Blueが本当の意味で知的かについては，議論の多いところではあるものの，チェスをするという能力において機械は人間を上回ったのである．恐らく後世，1997年は，1956年のダートマス会議，1977年の知識工学などと並び，歴史的な年として記憶されるに違いない．

このように一つのエポックが画された現在において，AI研究を回顧すると，極めて広範な分野において，実に多様でかつ有用な手法が生み出されてきたことに気付く．本書「人工知能の基礎」は，AIの誕生から発展，そして変貌までを視野に入れ，AIの基礎となるべき重要事項をまとめたものである．

ここではAIの基礎として，応用領域に依存しない手法・方法論・概念・アイデアを中心に置いている．具体的には，問題解決，探索などの，いわゆる古典的AIに始まり，知識表現，プラニング，推

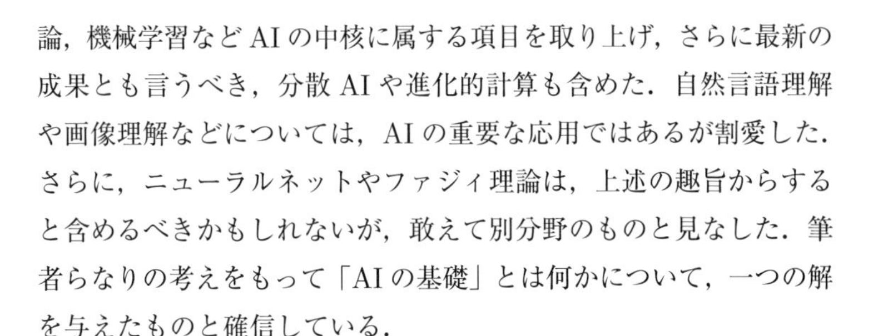

論，機械学習などAIの中核に属する項目を取り上げ，さらに最新の成果とも言うべき，分散AIや進化的計算も含めた．自然言語理解や画像理解などについては，AIの重要な応用ではあるが割愛した．さらに，ニューラルネットやファジィ理論は，上述の趣旨からすると含めるべきかもしれないが，敢えて別分野のものと見なした．筆者らなりの考えをもって「AIの基礎」とは何かについて，一つの解を与えたものと確信している．

本書においては特に，知能というものに対する考え方の変化に留意して記述したつもりである．一般的な知能を追求し探索を重視していたAI初期，エキスパートシステムなど知識指向を明確にしたAI中期，そして新しい知能観に基づきその方向性を模索している現代．本文では，各年代を特徴付ける種々の手法を具体例に即して説明している．ただし，AIは物理学や電磁気学におけるニュートンの法則やマックスウェルの方程式のような基本原理が存在しないため，統一的に記述することが難しい．よって，記述が事例中心となる点は御容赦頂きたいが，可能な限り系統立てて分類し，重要な概念や背景となる考え方の説明に筆を尽くしたつもりである．

今や，AIは情報系の学科では必須の講義科目となっており，本書は大阪大学や東京工業大学での講義ノートを発展させ，標準的な教科書を意図して著されたものである．わかりやすい記述を旨とし，また，高度な数学的知識やAIの事前知識が無くとも，直観的に理解できるように配慮した．さらに，各章末に演習問題を設けた．これらは理解を深める上で，意義深いものであり，是非，解答を試みられるよう期待している．

本書によって，AIに興味を持ち，AI研究を志す方々が一人でも増えるならば，これに勝る著者らの喜びはない．

1999年1月

著　　者

目　　次

第1章 人工知能とは

人工知能（AI: Artificial Intelligence）研究の究極の目標は，知能を持った機械（コンピュータ，システム，ロボットなど）を我々人間の手で作り上げることである．元来，AIは情報工学・コンピュータ科学の一分野であったが，その波及効果は，制御・機械・土木・建築などの工学の世界のみならず，化学，物理学，医学，法学，経済学，教育学，心理学などの学問分野にも渡っており，まさに学際的な分野と言えよう．また，ビジネスシーン，たとえば，販売戦略，在庫管理，生産・製造管理，さらに最近では企業戦略の策定にまでAIは影響を及ぼしている．高度情報化社会と呼ばれる昨今，情報システムを人間にとって，より使いやすく，より親しみやすいものにするには，広い意味での知能化技術，つまりAIが不可欠となる．

本章では，「AI」という魅力的な響きを持つこの言葉について話を進めていく．そのためにまず，「知能」について議論し，続いてAIの定義を様々な角度から掘り下げる．次に「計算するコンピュータ」から「思考するシステム」そして「実世界で行動するエージェント」への挑戦に等しいAIの史的発展経緯を紹介する．AIの研究対象をまとめることで本章を締めくくる．

1.1 知能とは

1.1.1 知能の周辺

人工知能（AI）とは何かを考える前段階として，「知能」について考察する．もちろん，この点に関する議論は，多分に哲学的であり，議論も多岐に渡る．こ

こではまず，「知能」に関連する言葉の意味を国語辞典†により調べてみる．

知能（intelligence）： 頭の働き．知識を蓄積したり物事を正しく判断したりする能力．

知性（intellect）： 物事を知り，考え，判断する能力．

知的（intelligent）： 知識に関係するさま．また，知性が感じられるさま．

知識（knowledge）： あることについて，概念の形で把握されたもの．それについて，知っている内容．知恵と見識．ある事柄に対する明確な意識と判断．哲学で，認識活動によって得られ，客観的に確証された成果．

知恵（wisdom）： 物事の筋道を知り，前後をよく考え，計画し，正しく処理していく能力．学問，知識を積み重ねただけのものではなく，人生の真実を悟り，物事の本質を理解する能力，または知識を正しく使用できる実践的な英知．

上の各用語は人間を前提として，定義されていることが容易にわかる．「知能」を広義に捉えると，人間の行動・活動のうち，脳が関与しない条件反射的な行動ではなく，脳の働きにより発現されるものと言えよう．さらに若干狭義に捉えると，人間の行動の中でも「思考」を伴うものが「知能」に相当するのかも知れない．

1.1.2　人間の知能と機械の知能

ここで人間，動物（人間は含めない．たとえば，犬，猫の類），そして機械（現時点で存在するコンピュータとしておく）を登場させ，脳の働きが関与すると思われる5つのタスクがどの程度できるか考えてみよう．結果を表1.1にまとめる．表中，○印は「できる」，◎印は「非常によくできる」，△印は「少しはできる（限られた対象や領域に対して）」，×印は「できない」を意味する．

表1.1　人間・動物・機械の知能

	景色の認識	言葉の理解	大規模な四則計算	故障の診断	感情の理解
人間	○	○	○	○	○
動物	○	×	×	×	△
機械	△	△	◎	○	×

† 林大監修：「言泉」小学館

「大規模な四則演算」は計算能力のことを意味し，計算は当然，脳を利用する能力である．動物は計算できず，人間はできるので，計算能力は互いの差異をつける一つの目安とも言える．それでは，コンピュータは人間よりはるかに高い計算能力を持つので，人間より知能が高いのであろうか？

また，「故障診断」は，機械などを対象とする場合には，それに対する高度な知識を利用するすることによって可能となる．実用化されているエキスパートシステムには，人間の専門家に匹敵する診断能力を持っているものもある．機械の知能と人間のそれが肩を並べたのであろうか？

一方，我々がいとも簡単に行う「景色の理解」や「言葉の理解」は機械は不得手である．これらのタスクも人間のもつ概念的なモデルとのマッチングが必要となり，脳の働きによるものである．人間は瞬時にこれらのことを実行する．やはり，機械の知能は低いのであろうか？

これらに関して，特徴的なことが次のように指摘できる．人間は上述のタスクを含むあらゆるものに，性能はともかく，対処することができるが，現段階での機械は，それぞれのタスクに特化したシステムとなっており，広範な知的タスクを一つのシステムで扱い得る柔軟性は持ち合わせていない．言い換えると，相応のレベルに達する機械の知能を実現しようとすれば分野・対象を限定しなければならないのである．

1.1.3 機械の知能は測れるか

機械の知能とはどういうもので，それを計測するすべはあるのだろうかという点について考えてみよう．人間の知能を測る尺度として知能指数 IQ が有名である．頭の良さと IQ が如何なる関係を持つか筆者は詳しくないが，知能という多角的な対象を 1 次元的な量で示すことには疑問を呈せざるを得ない．

ところで機械の知能を測るものとして，チューリングテスト（Turing test）がある．このテストの名は，計算機科学創始者の一人であるイギリスの Alan Turing[†]に由来する．

---

† ちなみに Turing の名は，オートマトン・計算理論における計算モデルであるチューリングマシンや，計算機科学の分野におけるノーベル賞ともいわれる ACM（Association for Computing Machinery）選定のチューリング賞にも付けられている．

チューリングテストとは次のようなものである．壁を隔たれた一方の部屋に，人間（花子と呼ぶ）がいて，入出力機能を持つ端末がある．もう一方の部屋には，人間（太郎と呼ぶ）とコンピュータ（CON と呼ぶ）が置かれ，花子側の端末と接続されている．花子は端末から壁の向こう側にいる太郎か CON にメッセージを送り，太郎，CON より応答を受け取る．花子は対話を通じて，得られた応答が太郎のものか，CON のものか探ろうとする．しかしながら，花子は端末を介しての対話からでは，対話の相手が太郎か，CON か（すなわち人間かコンピュータか）を判断できないとき，そのコンピュータは人間と同等の知能を持つとするのがこのテストの考え方である．これは，知能というものが外部から評価されるべき性質のものであること，そして逆に内部表現では知能を推し量ることは困難であることを示唆している．

さて，チューリングテストに合格しようとすれば，ざっと考えた範囲でも対話（コミュニケーション）能力，言語理解能力，推論能力，学習能力などが必要となる．実のところこれらはいずれも AI の中心的課題なのである．しかし，チューリングテストには，センサ情報の知覚能力や物理的な運動能力などの概念は入っていない．現在のところ，知的システムの評価に直接このテストを利用することは余り考慮されていない．

1.2　人工知能の定義

それでは，AI の定義という本章の主題に入っていこう．まず，主要な AI の教科書や専門書にある定義を年代順に紹介する．

1. 「AI とは知的なコンピュータシステム，すなわち人間の振舞いのなかでも知能と結び付く特徴を示すシステムを設計することに関連した計算機科学の一分野である」(Barr ら（1981）[1])
2. 「AI とはその時点で人間の方がより良くできることをコンピュータに行わせる方法についての研究である」(Rich（1983, 1991）[2])
3. 「AI とはコンピュータを知的にするアイデアについての研究である」(Winston（1984）[3])

4. 「AIとは計算モデル（computational model）を利用した知的能力についての研究である」（Charniakら（1985）[4]）
5. 「AIとは自然の知能（人間）に基づき，人工的な知能（知能コンピュータ）を実現させるための研究である」（上野晴樹（1985）[5]）
6. 「AIとは知的な振舞い（behavior）についての研究である」（Geneserethら（1987）[6]）
7. 「AIとは知覚，推論，行動を可能にする計算（computation）についての研究である」（Winston（1992）[7]）
8. 「AIとは知的な人工物（artifact）を構成する試みである」（Ginsberg（1993）[8]）
9. 「AIとは環境（environment）に存在し，知覚，行動するエージェント（agent）の研究である」（Russellら（1995）[9]）
10. 「AIとは知的に振舞うコンピュータプログラムの設計と研究である」（Deanら（1995）[10]）

表現の違いはあるにせよ，人間の知的な行動を工学的に実現することというコンセプトが根底にはある．年代とともに，定義に微妙な変化が見られ，たとえばWinstonは80年代と90年代で定義が変化している．具体的に言うならば，80年代後半から，環境，知覚，行動などがキーワードになってきている．これは，従来のコンピュータの単なる知能化といったものより，ロボティックス分野との融合や，知的エージェントなどという新しいパラダイムの登場を踏まえて，一層AIの守備範囲が広くなったことを示唆している．

ところで上述の定義の内，2番目のRichの定義はなかなかおもしろい．その時点において，人間にはできるが，コンピュータにはできないことをコンピュータにさせようとすることがAI研究の対象としている．人間と機械の能力のギャップを埋めること，それが研究目標である．

これと幾分似た，AIに対する伝統的な見解がある．もともとAIと考えられていた技術が確立され，実用化された瞬間に，その技術はAIではなくなる，というものである．AIに携わる研究者にとっては，余り有難くない定義とも言えるが，歴史的に見て，当初AIの分野であったものが，そうでなくなることが

あったという事実も説明がつく．文字認識や数式処理などがその代表例である．

最後に本著における AI の定義を示そう．この定義は 2 本の柱からなる．

> **AI とは計算モデルを用いて，**
> 1. 知的システムの設計や構成に関する研究である．
> 2. 人間の知的能力（知能）に対する解明や解析に関する研究である．

1．は知的能力をシステムに与えようとする立場，すなわち AI 研究の工学的立場，一方，2．は人間の知能そのものを解明しようとする立場，すなわち科学的立場と見なしてよい．たとえば，知識ベース，知能ロボットは 1．のカテゴリに，また認知科学は 2．のカテゴリに入る．ただし，人間の知的能力の原理は，極めて複雑で，ほとんど解明されていないこともあって，人間の知能発現プロセスを完全にコピーすることにはこだわらずに，工学的立場によるアプローチを取ることが AI 研究では多い．

ところで，キーワードである「知的」という概念は上の定義でも依然として曖昧であることに注意してほしい．逆にこの点が未決着であるが故に，AI 研究は多様性があり，興味深いとも考えられる．すなわち，「知的」を「人間のように」と考えてもよいし，「鉄腕アトムなみに」「虫なみに」と考えてもよいのである．「システム」には，コンピュータはもちろん，ロボット，エージェントも含めるが，何らかの「計算モデル」をもつものという前提は絶対である．

ここで「知能」に対する考え方の変化に言及しよう．従来は比較的閉じた世界に対する知能を想定していたのに対し，最近ではシステムの周りにある世界・環境とのインタラクションを重視し，そこから得られる情報も不完全，つまり全てを知覚することは不可能であるという立場で知能を考察しようとする動きが主になってきた．「曖昧性」「不完全性」「部分性」「実時間性」「複雑系」「協調」などが新しいキーワードになりつつある．

1.3 人工知能の歴史

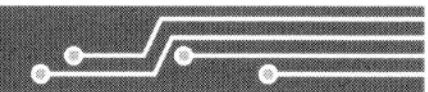

本節では，AI の歴史をその誕生から現在に至るまでを節目ごとに示す．また，AI 年表を表 1.2 に示すので，適宜参照されたい．

1.3.1 黎明期

AI とコンピュータの関係は不可分である．ここでコンピュータの出現について簡単に触れておく．世界初のコンピュータは米国ペンシルバニア大学の ENIAC であるとされている．戦争は科学技術の大幅な進歩を促すという至言があるが，コンピュータの世界でもそれは例外ではない．ENIAC は弾道計算をしたいという第 2 次世界大戦中の軍の要請に応じて着手されたものであった．その完成は戦後の 1946 年で，真空管 18 000 本・消費電力 180 kW・面積 200 m^2・重量 30 t という今からは想像もできない巨大なコンピュータである．

この ENIAC プロジェクトの間に，一つの革新的な設計思想が登場する．プログラム内蔵方式である．それは John von Neumann による発案で，命令の集合であるプログラムをコンピュータ内部に蓄えて，それを順次取り出して実行するものである．現在のコンピュータが「ノイマン型」と呼ばれる由縁である．この方式を採用したコンピュータ EDSAC，EDVAC が各々 1949 年ケンブリッジ大学，1950 年ペンシルバニア大学で稼働を始める．このように大戦終了から僅か数年で今日のコンピュータの基本アーキテクチャが与えられたのである．

ここで話を AI 研究に戻そう．AI 研究もコンピュータの出現とほぼ時を同じくして開始された．コンピュータに人間の行うことをまねさせてみたいと思うのは，いつの時代になっても変わらぬ欲求であろう．まず，50 年代初頭の研究者が熱中したのはゲームプログラミング，具体的には西洋での主要なゲームであるチェスプログラムの開発であった．もちろん，チェスプログラムが AI の一カテゴリであるとしたのは，AI の歴史を回顧した結果論であり，当時の研究者が「私は AI の研究をしている」などの意識はもちろんなかったし，そもそも AI という用語が出現したのはもう少し後のことである．

この時代のチェスプログラムで有名な人物がベル研究所の Claude E. Shannon

表1.2　AI年表

年代	事項	
1945	コンピュータの誕生	
1950	ゲームプログラミング	
	神経回路モデル	
	AIという用語の出現	第1世代
	定理証明	
	LISP	
1960	GPS	
	Minskyの提言	
	導出原理	
	パーセプトロンの限界の指摘	
	積木世界の認識	
1970	エキスパートシステムの開発	第2世代
	PROLOG	
	プロダクションシステム	
	フレーム理論	
	知識工学の提唱	
1980	AIの産業化（AIブーム）	
	第5世代プロジェクト開始	
	機械学習（ID3，EBL）	
	ニューラルネットの復活	
	包摂アーキテクチャ	
1990	GA	
	強化学習	
	AIブームの終焉	
	知的エージェント	第3世代
	チェスプログラムが人間に勝利	
2000	人工生命	
	データマイニング	
	統計的手法の導入	
	インタラクティブ・ロボット	
2010	インターネットへのAI応用	
	ディープラーニング	

である．1950 年に著した“Programming a computer for playing chess”は AI 研究の最初の論文であるとする人もいる．ゲームにおける最も根本的な探索技法であるミニ・マックス法をその論文に見出すことができる．ちなみに Shannon は，AI よりむしろ通信理論，情報理論の創始者として良く知られている．

50 年代初期には，チューリングマシンに代表されるオートマトン理論のようにコンピュータの抽象モデルを扱うものや，サイバネティックス，神経細胞・回路の数理モデルなどコンピュータと知能とのかかわり合いを模索するものが現れてきた．比較的，コンピュータや AI の未来に関してバラ色の予測がなされていた時期であった．

1.3.2 AI の原点―ダートマス会議―

1956 年夏，米国ニューハンプシャー州ダートマス大学に 10 人の研究者が会合をもった．その 10 人とは，J. McCarthy（ダートマス大学），M.Minsky（ハーバード大学），C.E.Shannon（ベル研究所），N.Rochester（IBM），T.More（IBM），A.Samuel（IBM），O.Selfridge（MIT），R.Solomonoff（MIT），A.Newell（RAND），H.Simon（カーネギー工科大学，後のカーネギーメロン大学 CMU）で，括弧内は当時の所属である．彼らは，コンピュータに知的な能力を具備させるにはどうすればよいかを議論するためにやってきたのである．この会合が後世名高いダートマス会議である．

さて，会議の組織者，McCarthy, Minsky, Shannon, Rochester の 4 人はこの会議を開くため，ロックフェラー財団に申請書を出した．その中で McCarthy は次の文を記した．

> ニューハンプシャー州ハノーバーのダートマス大学で 1956 年の夏に 2 カ月間，10 人で**人工知能 AI** の研究を行うことを提案する．この研究は次のような推測を基に進める．それは，学習のあらゆる側面や知能のあらゆる特徴は，原理的に正確に記述可能で，機械はそれをシミュレートできるという推測である．

この提案により財団から 7,500 ドルの基金を得たのであるが，それよりも重要な点は，ここで初めて「AI」という言葉が世に現れたことである．当時，コンピュータに関する基礎理論はオートマトン理論であったが，McCarthy の提

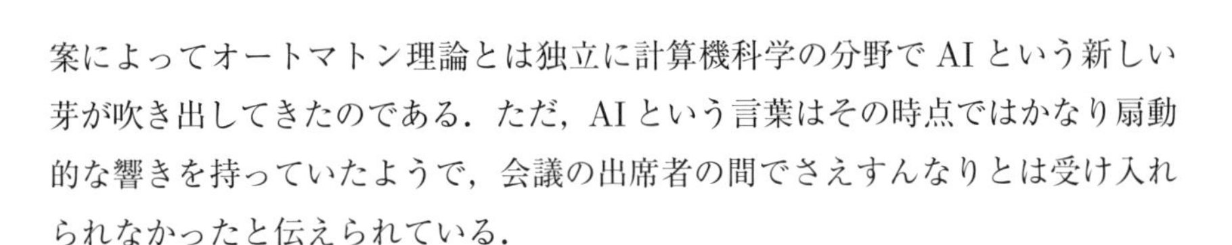

案によってオートマトン理論とは独立に計算機科学の分野でAIという新しい芽が吹き出してきたのである．ただ，AIという言葉はその時点ではかなり扇動的な響きを持っていたようで，会議の出席者の間でさえすんなりとは受け入れられなかったと伝えられている．

会議では，チェスやチェッカーのプログラムや幾何学の証明問題などが発表された．とりわけ，NewellとSimonが提案したLogic Theoristなる論理学の問題を解く一般的方式は，後に大きな影響を与えた．この会議の内容に関する評価は必ずしも高いものではないが，ダートマス会議そのものはAI史において記念碑的存在であることは疑いない．

1.3.3　AIの創成期

ダートマス会議の出席者はその後のAI研究のリーダーとなる．まず，MITに移ったMcCarthyは，新しいプログラミング言語の開発に着手した．この言語が**LISP**である．LISPでは，数値のみならず記号も取り扱うことが可能で，プログラムとデータが統一的に処理できるという特徴がある．1958年に誕生したLISPは，数値計算用言語であるFORTRANと同様にプログラム言語界で長寿を誇っている．これだけの長い間生き続けてきたということは，やはり言語としての優秀さを持っていると見なせるだろう．LISPは，過去も現在もAI用の言語として不可欠なもので，特に米国ではLISP文化の上にAI世界を形成してきた感がある．なお，McCarthyはその後，西海岸のスタンフォード大学に移籍し，論理ベースのAI研究の先導的役割を果たして行く．

Minskyは，1961年に論文“Steps Toward Artificial Intelligence”を発表した．ダートマス会議がAIの旗揚げなら，この論文，すなわち**Minskyの提言**はAIの普及，啓蒙に寄与したものと言えるかもしれない．この論文でMinskyは，AIで検討すべき問題として，探索，パターン認識，学習，問題解決とプランニングを挙げた．また，彼の指導のもとで，自然言語処理，数式処理，学習などの研究がMITで行われた．

NewellとSimonは人間の問題解決過程のモデルとして**GPS**（General Problem Solver）を提案した．GPSは，手段目標解析（means end analysis）や人間が複雑な問題を解くときに用いる分割統治（divide and conquer）法の概念を含むもので，その後プランニングの問題に発展していった．

その他の60年代のトピックスを挙げよう．1965年には，Robinsonが定理証明（theorem proving）の有力な手法である**導出**†**原理**（resolution principle）を創案した．これは，数学の背理法を利用したもので，証明したい式の否定を元の式集合に加え，そこから矛盾を導き出す手続きである．導出原理はコンピュータ向きの手続きであり，それまでの手法に比べて効率がよいという特徴を持っていた．

同じく1965年に**機械翻訳**（machine translation）の分野で一大事件が起こった．機械翻訳の研究はAIとは無関係に1950年前後から始められていたが，当時の手法は構文論によるものが主であり，構文解析して単に（意味などを考慮しないで）単語を変換するという荒っぽいものであった．この年に米国研究会議自動言語処理諮問委員会が，ALPACレポートと呼ばれる勧告を出した．そして機械翻訳の実用化は近い将来不可能であると結論付け，その結果，機械翻訳の研究は世界的に衰退することになった．

また，MITのRobertsが積木世界の画像認識を試み，Quillanが知識のグラフ表現である**セマンティックネット**（semantic net）を提案したのも同じ頃である．MinskyとPappertがパーセプトロン型の**神経回路**（neural net）モデルの限界を指摘して，人工的神経回路研究に打撃を与えたのは1969年である．曲折はあるにせよ，AIも着実な前進を記し，その将来についても楽観的な予想がなされた時であった．

1.3.4 AI第一世代—知能の時代—

ここでAI研究の初期，すなわち1970年頃までの主要テーマをまとめると，1）ゲーム・パズルのプログラミング，2）プランニング，3）定理証明などが挙げられる．この頃は「人間はある一般的な能力を持っており，これにより人間の知的な行動が引き起こされる」と考えられていた．そして「コンピュータを知的にするには，状況に応じて動作する判断能力を与える必要がある」とし，「この能力は問題に依らない一般的なものである」という意識があった．先に述べ

† 近年，「融合」と呼ぶ本もある．

た3つの問題の解決には，何れも探索が利用されており，判断の一般的機構として探索が注目されていた．したがって，この一般的能力こそが知能とされており，AI 第一世代を『知能の時代』と称した理由である．しかしながら，この時代に対象としたのは，比較的単純化された世界における問題（しばしば**トイ問題**（toy problem）と呼ばれる）であり，現実の諸問題に適用できるかどうかの見通しは必ずしもはっきりしていたとは言えなかった．すなわち，「AI は本当に役に立つのか」という声や「AI 研究者は日夜，トイ問題を自ら作り出し，自らそれを解いて満足している」という批判が常につきまとっていた．

そんな時代背景のもと，Edward A. Feigenbaum がスタンフォード大学で HPP（Heuristic Programming Project）を組織し，DENDRAL というシステムの研究に着手した．1965 年のことである．これが次の時代の幕を開けることになる．

1.3.5　AI 第二世代—知識の時代—

入力として構造が未知の化学物質の分子式と質量スペクトルを与え，出力として化学構造を推定するシステムである **DENDRAL** に関する研究は，AI が役に立つものであることを世間に示した点において貴重である．HPP の目標は，専門家の高い知識を必要とするような分野で，実際に役に立つ問題を解決するプログラムの開発にあった．当初は知識ベース型のシステムではなかったが，開発が進むに連れてそのようなシステム形態をとるようになった，と開発者は述懐している．DENDRAL は，大学院生と同程度の推定能力をもつことが確認され，いわゆる**エキスパートシステム**（expert system）の第 1 号とされている．

同じく HPP において，医学部出身の E.Shortliffe が中心となって，血液感染症と骨髄炎の診断と治療法のコンサルテーションシステムを開発した．このシステムがエキスパートシステムの代名詞とも言われる **MYCIN** ある．MYCIN は，DENDRAL とは異なり，設計段階からプロダクションシステムの形態をとっていた．MYCIN のプロダクションルールには，**確信度**（CF: Certainty Factor）が付加されており，不確かな知識も表現できるようになっている．また，システムが行った推論に対する説明機能も有している．それらの確信度や説明機能は以後のエキスパートシステムの基礎をなすものであった．MYCINはAI研究の転機を与え，さらにはAIの有用性を例証するものとしてAI史に大きな足跡を残すものである．

そして1977年，第5回人工知能国際会議IJCAI'77でFeigenbaumは，"The Art of Artificial Intelligence; Themes and Case Studies of Knowledge Engineering"と題する招待講演を行い，「**知識工学**（knowledge engineering）」なる新しい研究分野を生み出すと共に，「知識は力なり」を満天下に主張した．これによりAIは『知識の時代』という新しい時代（ここでは第二世代と呼ぶ）を迎えたのである．

注目すべき点は，知識工学が問題個別の知識の重要性を示したことである．第一世代のAI研究では，問題に依存しない一般的能力（知能）を追求していたが，結果的には現実問題に対応できる成果は得られなかった．そこで問題の固有の知識を集め，それを基にした有用なシステム作りを知識工学は強調したのである．Feigenbaumの提言を機に，エキスパートシステムに代表される**知識ベースシステム**がAI研究の大きな柱となってくる．

1.3.6 AIの発展期

AI研究が知識を重要視するようになり，我々人間の持つ知識をどのように表現すればよいかという検討が70年代前半から開始された．**知識表現**（knowledge representation）への挑戦である．

1973年にNewellは，人間の心理モデルとして**プロダクションシステム**（PS: Production System）を提案した．PSは，プロダクションルール（ルールベース），ワーキングメモリ（データベース），インタプリタ（推論エンジン）の3つのモジュールから構成されている．PSにおいて，知識は"IF....THEN...."という単一形式のルールにより表現され，ルールの集合がルールベースとなる．PSは，前節で紹介したDENDRAL・MYCINを始めとする多くのエキスパートシステムで利用されており，ルールベースシステムはAIシステムの主流になった．

Minskyは1975年，人間の記憶や推論の認知心理的なモデルである**フレーム理論**（frame theory）を提案した．フレーム理論の概念を簡単に述べると以下の

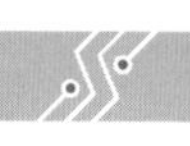

ようになる．人間は新しい場面に遭遇したとき，フレームと呼ばれる基本構造を記憶の中から一つ選択する．これは一つの定型的な枠組であり，そのフレームには各種の情報が含まれている．一つのフレームがいくつかのスロット（情報の格納場所）を有し，フレーム間は相互にリンクが張られている．フレームは上位下位関係による属性継承に伴うデフォルト値を利用することができるので，階層的な知識の表現に適している．また，フレームには手続き記述も許容できる．フレーム理論は，Minsky の最初の発表時には，知識表現体系として提案されたものではなかったため，その後，Goldstein を始めとする多くの研究者により検討，改良が加えられ，フレームシステムとして AI における知識表現の中核の一つを成すようになった．

自然言語理解の研究からも種々の知識表現法が生まれてきた．Roger Schank（スタンフォード大学，その後エール大学）は，**概念依存**（CD: Conceptual Dependency）**理論**を考案した．CD 理論とは，自然言語が持つ概念や意味を，言語に依存せずに表現する枠組を与えるものである．同じく Schank は，物語理解のための**スクリプト理論**を提唱した．スクリプト理論の概念は，人間の決まりきった動作，たとえばレストランに行くなど，に関する知識はスクリプト（台本）として記憶されており，それを問題解決の場面で利用しようというものである．

その他の知識表現に関連するものとして，**黒板モデル**（blackboard model）がある．これは知識表現法というよりもむしろ知識処理アーキテクチャと考えるのが正しい．黒板モデルでは，複数の独立した知識源と黒板と呼ぶグローバルデータベースがあり，メッセージのやり取りは黒板を介してのみ行い，各知識源が協調的に問題解決していく．黒板モデルは CMU の音声理解システム Hearsay-II で最初に提案され，音声・画像などパターン処理に適し，**分散型 AI** のプロトタイプと見ることもできる．

1971 年にはフランスのマルセーユ大学で Alain Colmerauer が論理型プログラム言語 **PROLOG** のインプリメントに初めて成功した．PROLOG は述語論理をベースにした宣言的な言語であり，それを利用すると AI 分野の諸問題を自然に表現できる利点がある．また，Robert Kowalski は，一階述語論理の部分系であるホーン節論理に制限すると，PROLOGの基本計算手続きである定理証明の効率面で著しい改善が図られることを明らかにした．そして，証明過程と計算過程との間の理論的考察を行い，プログラミング言語としてPROLOGの確たる位置を与えた．彼の研究を契機に，論理によるプログラミング言語の記述，いわゆる**論理プログラミング**（logic programming）が計算機科学の一分野として認識されるようになったのである．次いでエジンバラ大学のDavid Warrenらが，標準の処理系・シンタクスとなっているDEC-10 PROLOGを開発した．

このように70年代後半から知識表現への積極的な取り組みが始められ，知識の表現，利用，獲得など，いわゆる**知識情報処理**（knowledge information processing）がAI研究の花形になってきた．さらにこれらの研究成果と相まって，画像理解，自然言語理解，音声理解，エキスパートシステムなどの応用分野でも大きな前進が記された．

1.3.7 AIブーム

80年代に入ると，全世界的にAI研究が活発化した．この傾向は大学などの研究機関のみならず産業界にも波及し，社会をも巻き込むブームとなった．AIブームの到来である．とりわけ，エキスパートシステムの研究開発は全盛期を迎え，CMUのJohn McDermottとDECが共同開発したXCONのように実用に供せられるエキスパートシステムも見られるようになった．また，エキスパートシステム開発支援ツール（エキスパートシェル）であるOPS5，OPS83などが商用ベースに乗った．

また，80年代はAI研究の理論面と応用面の両方においてさまざまな研究成果が報告された時代でもあった．理論面においては，推論や学習において有用な手法が数多く提案された．演繹推論を凌駕するものとして，帰納推論，仮説推論，定性推論，非単調推論（サーカムスクリプション，デフォルト推論，自己認識推論など）など，いわゆる**高次推論**が出現した．**機械学習**（machine learning）は，知識獲得（knowledge acquisition）ボトルネック対策の切札として，盛んに研究がなされ，80年代半ばには，実用的な帰納学習システムである**ID3**や，背景理論と事例との関連性に着目した，**説明に基づく学習**：**EBL**（Explanation

Based Learning）などが提案された．エキスパートシステム関連でも，知識獲得のためのインタビュー方式，知識コンパイルなどの優れた手法が開発された．また，80 年代の後半には，アメリカで大規模知識ベースの開発を目標とする CYC プロジェクトが開始された．

その他に 80 年代の特筆すべきイベントとして，ニューラルネットの復活が挙げられよう．前述のように 1969 年にパーセプトロン型ネットの能力の限界が示されたことにより研究は停滞していたが，1986 年に Rumelhart らが三層ネットワークでの**誤差逆伝播**（error back propagation）型の学習手法を定式化しブレークスルーを与えた．さらに，Hopfield が NP 完全問題の近似解法にニューラルネット（**Hopfield モデル**）を利用して成功を収めた．ニューラルネットは，AI の中心的操作である記号処理とは相対をなす計算パラダイムであり，以後活発な研究が続けられている．

ここで AI に関する我が国の動きを見てみよう．AI の進展経緯を顧みると，やはり 1982 年から 1992 年までの**第 5 世代コンピュータプロジェクト**が AI の布教者として各界に大きなインパクトを与えたことは事実である．このプロジェクトは，予算総額 1000 億円という正に産官学協力の国家プロジェクトであり，その中核組織として新世代コンピュータ技術開発機構（ICOT: Institute for New Generation Computer Technology）が設立された．

「第 5 世代」なる“冠”について説明しよう．これまでのコンピュータの進化は，使用されているデバイスに従い，世代分けされていた．すなわち，第 1 世代（真空管），第 2 世代（トランジスタ），第 3 世代（IC），第 3.5 世代（LSI），第 4 世代（VLSI）と進化してきたが，何れも基礎とするのは「ノイマン型」アーキテクチャであった．これに対し，第 5 世代コンピュータは従来のものとは根本的に異なる方式を採用し，知識情報処理指向を明確化した．第 5 世代コンピュータでは，アーキテクチャからソフトウェアに至るまで論理プログラミングの思想を反映させ，コンピュータの骨格を構成した．プロジェクトの成否は意見の分かれるところであるが，その具体的成果には並列推論マシンの実現がある．また，AI 研究者・技術者の層を厚くしたというプラスの効果も否定できない．わが国において，80 年代後半は家電商品にまで AI という言葉が踊り，まさに社会現象ともいえる AI ブームであった.

1.3.8 AI 第三世代—エージェントの時代—

90 年代半ばに入るとそれまでの AI ブームが去り,祭りの後の静けさという状態が顕著になってくる.AI バブル後の無力感・空白感といったところか?期待の的であったエキスパートシステムは部分的には成功を収めたものの,やはり種々の状況に対する適応性は低く,より高度な知的システム実現に向けて堅固な足場を築くには至らなかった.結局,知的システムと一口に言っても,以然として頭の硬い,融通の効かない「知的さ」でしかなかったのである.知識工学全盛時にあった記号主義中心の考え方は見直しを迫られている.AI は再び役立たずの研究,無意味な学問という烙印を押されたのであろうか?否,決してそんなことはない.

いま,AI 研究は転換期を迎え,2 度目のパラダイムシフトに直面しつつある.現実世界の動的環境に存在するエージェント (agent)[11] を想定して,知能そのもの,及び知能の発現メカニズムを問い直そうという動きがそれである.この流れの源の一つは,MIT の R. Brooks による知能ロボットの研究である[12].彼は知覚と行動との直接的な対応を表す**即応 (reactive) ルール**の重要性を示唆し,環境記述が不完全な場合でも**包摂アーキテクチャ** (subsumption architecture) により動的な環境内をロボットが移動できることを示した.そして「表現なき知能」という,記号主義派にはいささか刺激的なキャッチフレーズを打ち上げた.これ以降,知能ロボットでは「知覚」「行動」「環境」などが重要なファクタとして認識されるようになった.

一方,インターネットの発展・普及に伴い,ネットワーク上で,ユーザの代行をして欲しい情報を検索,獲得するシステムやプログラムが登場してきた.さらには知的な秘書機能や,**知識ナビゲーション**を目論むものも提案されている.これらは**ソフトウェアエージェント**,**ソフトウェアロボット** (略してソフボット) あるいは**知識エージェント** (別名ノウボット) と呼ばれ[13],サイバワールド (cyberworld) なる電子的な環境を対象として動作するのである.

知能ロボットとソフボットとの違いは,物理的実体性があるかないかという点のみで,動的な環境を対象とするなど,基本的な考え方は極めて類似してい

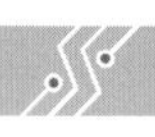

る．知的エージェント[14)]とは，それらの概念・考え方を内包するシステムを抽象化したものに対する呼称と考えて良いだろう．エージェント・コンピューティングとも言われるその枠組では，トイ世界ではなく現実世界（実環境，インタネット環境など）での知能という点を強調し，複雑系（complex system），情報や知識の部分性・不完全性，資源の有限性，身体性，能動性，実時間性などの新たなキーワードで特徴付けられる．

そして確実に研究のシーズも芽生えつつある．AI とロボティックスの融合，AI とネットワーキングの連関，遺伝的アルゴリズム GA（Genetic Algorithm）に代表される進化的計算（evolutionary computing），分散協調・マルチエージェント，創発的計算（emergent computing），オントロジ，データマイニング（data mining）など新規の概念やアイデアを含みながら，AI 研究は今も躍動し拡がり続けている．

1.4　人工知能の研究対象

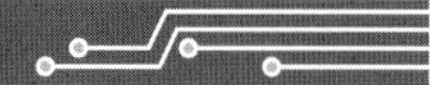

現在の AI 分野での主要研究テーマとその細目を以下に列挙する．極めて多岐に渡ることを理解してほしい．

推論機構：　帰納推論，アブダクション，仮説推論，類推，事例ベース推論，モデルベース推論，メモリベース推論，定性推論，時間推論

機械学習：　概念形成，概念クラスタリング，知識精錬，計算論的学習，知識発見，データマイニング，遺伝的アルゴリズム，強化学習

プランニング：　プラン認識，即応プランニング，SAT プランニング

知識表現：　常識，不完全な知識，不確実性

自動化推論：　探索，定理証明，制約充足

論理プログラミング：　帰納論理プログラミング，制約論理プログラミング

知識ベース：　大規模知識データベース，オントロジ，知識の共有・再利用

自然言語処理：　機械翻訳，言語理解，対話システム

メディア理解：　画像理解，音声理解，マルチモーダル情報処理

知能ロボット： ビヘイビア・ベース・アーキテクチャ，アクティブセンシング，ロボット学習

人工ニューラルネット： 階層型ネット，相互結合型ネット，自己組織化マップ，ディープラーニング

分散 AI： マルチエージェントシステム，分散協調，分散制約充足

知的エージェント： ソフトウェアエージェント，インターネットエージェント

ヒューマンエージェントインタラクション： 人間とエージェントのインタラクションデザイン，エージェントの外見・行動のデザイン

応用システム： 知的 CAI，ヒューマンコンピュータインタラクション

演習問題

(1) AI の定義に必須の概念は何か？

(2) 「知的」なシステムとはどのようなものか考えよ．

(3) AI 史における 2 度のパラダイムシフトを生んだ要因を考えよ．

(4) AI における工学的立場と科学的立場の各々からの研究課題を挙げよ．

(5) 人間にとっては「シーン（景色）を理解すること」より「幾何学の定理を証明すること」や「チェスをすること」の方が困難なタスクと思われる．AI の分野で，「定理証明システム」や「チェスプログラミング」が実現され，「シーン理解システム」が実現できないのは何故か．

文　献

1) A.Barr and E.A.Feigenbaum,“The Handbook of Artificial Intelligence”, Volume I,Pitman,1981. 田中，淵監訳,「人工知能ハンドブック」，第 1 巻”，共立出版，1983.

2) E.Rich, “Artificial Intelligence”, McGraw-Hill, 1983. 廣田，宮村訳：「人工知能」，マグロウヒル，1984.

3) P.H.Winston, “Artificial Intelligence（2nd Edition）”, Addison-Wesley, 1984.

4) E. Charniak and D. McDermott, “Introduction to Artificial Intelligence”, Addison-Wesley, 1985.

5) 上野晴樹，“知識工学入門”，オーム社，1985.

6) M.R.Genesereth and N.J.Nilsson, “Logical Foundations of Artificial Intelligence”, Morgan Kaufmann, 1987. 古川康一編，「人工知能基礎論」，オーム社，

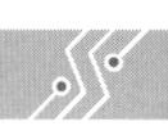

1993.

7) P.H.Winston, “Artificial Intelligence (3rd Edition)”, Addison-Wesley, 1992.

8) M. Ginsberg, “Essentials of Artificial Intelligence”, Morgan Kaufmann, 1993.

9) S. Russell and P. Norvig, “Artificial Intelligence, A Modern Approach”, Prentice-Hall, 1995.

10) T.Dean et al., “Artificial Intelligence: Theory and Practice”, The Benjamin/Cummings Pub Co, Inc., 1995.

11) 山田 誠二, “適応エージェント”, 共立出版, 1997.

12) R.A.Brooks, “A Robust Layered Control System for a Mobile Mobot”, IEEE Trans Robotics & Automation, Vol.2, No.1, pp.14-23, 1986.

13) 石田 亨, “エージェントを考える”, 人工知能学会誌, Vol.10, No.5, pp.663-667, 1995.

14) Special Issue on Intelligent Agents, Comm. ACM, Vol.37, No.7, 1994.

第2章 問題解決

我々が生活する現実世界には，明晰な数学の問題からとらえどころの曖昧な政治や経済の問題に至るまで，いわゆる問題と称されているものは無数にある．人間は各々の問題の解決を試み，今やその一部をコンピュータに代行させようとしている．**問題解決**（problem solving）の機械化は，AI の主たる目標の一つである．しかし，一口に問題解決と言っても，そこには，問題の表現，問題解決の方策，問題解決における知能と知識の相互関係，など様々な課題が待ち受けている．

本章は，「我々人間が，ある問題に直面したとき，どのように解決しているのであろうか？」という素朴な疑問を考察することから出発する．次に AI が対象とする問題がどのようなものかを述べ，その古典的かつ典型的な問題例としてパズルとゲームを取り上げる．そして問題解決において重要となる問題の定式化について述べる．

2.1 問題解決のプロセス

[問題 1]

鶴と亀が合計 7 匹います．　(1)

鶴と亀の足の合計は 20 本です．　(2)

このとき，鶴と亀は各々何匹いるのでしょう．　(3)

これは小学校の教科書でもおなじみの鶴亀算である．この問題を解くプロセスを考えてみよう．答えとして鶴，亀の数を聞いているのであるが，とりあえず

はわからないので未知数を用いて，各々を x，y とする．もちろん，鶴や亀に1.5匹などは考えられないので，x，y は正の整数である．次に，導入した x，y について問題に対応する x，y の関係を表したい．この場合（1）の内容より定量的な関係が表せる．

$$x + y = 7 \tag{1'}$$

さらに，我々は鶴，亀の足が各々2，4本であることを知っているので，(2) の内容より

$$2x + 4y = 20 \tag{2'}$$

を得る．（1'）（2'）は（1）（2）の内容を数式で表現したことになり，問題1は（1'）（2'）を同時に満たす x，y を求めることに帰着される．

ここで，連立方程式を解くわけであるが，解法としては種々想定できる．

- □　未知数消去の原則に従い，式の変形により求める（代入法，加減法）．
- □　行列方程式と見立てて，逆行列を求める．
- □　$1 \leq x \leq 6, 1 \leq y \leq 6$ という範囲を満たす x，y の取り得る値を列挙し，上式を満たすか否かを調べる．この解法を人間がトライするには余り賢いとはいえないが，コンピュータ向きかもしれない．

いずれにせよ，$(x, y) = (4, 3)$ を得る．しかしながらこの段階ではまだ，問題の解に到達したとは言えず，最後の仕上げが必要となる．それは，x，y が問題の対象となる世界で何を意味しているかを定めることである．この場合，x，y が鶴，亀の数に対応しているので，問題の解は「鶴が4匹，亀が3匹」となる．

この例から，問題解決が3つのプロセスに分けられることがわかる[1)]．

(i) 問題の定式化:　問題の対象となる世界から，問題の本質的な部分を抽出し，何らかの記法に従い，形式的記述を求める．

(ii) 形式的処理:　得られた形式的記述を形式的に処理して解を求める．

(iii) 問題の対象となる世界での解釈:　上の解を解釈して問題の対象となる世界での解を求める．

上の問題では，(i) のプロセスが，日本語で書かれた問題の内容から連立方程式（$x + y = 7$，$2x + 4y = 20$）を立てることに相当する．問題1では，この「何らかの記法」は数式で，「形式的記述」は連立方程式である．むろん，形式

的記述としては数式に基づく微分方程式であってもよいし，論理式に基づく記号的表現であってもよい．AIが対象とする問題では，方程式のような形式で関係が記述できる場合は少なく，記号的表現を用いる場合が圧倒的に多い．

(ii) のプロセスは，連立方程式を解くことがそれに当たり，式の変形，逆行列の計算，値の枚挙などが形式的処理となる．もし形式的記述が論理式の集合である場合には，導出が形式的処理となる．

さて，コンピュータを利用して問題解決を試みるときは主に，(ii) のプロセスをコンピュータに行わせる．ここでコンピュータ内部での世界を**内部世界**，問題の対象となる世界を**外部世界**と呼ぶ[3]と，形式的記述は外部世界での意味とは無関係であることに注意してほしい．たとえば，上述の連立方程式は問題1の形式的記述であるが，次の問題

「バイクと自動車が7台あります．タイヤの数は全部で20本です．バイクと自動車は各々何台でしょうか？」

でも同一の形式的記述になる．このことは変数xが「鶴の数」を指そうと，「バイクの数」を指そうと構わないこと，言い換えれば，内部世界での記号は外部世界とは無関係であることを意味している．それ故，形式的な処理が可能となるのである．なお，内部世界は，一つの計算モデルととらえることができ，それが数式モデルでも，記号処理モデルでも，そしてニューロモデルでも構わない．

(iii) のプロセスは外部世界と内部世界のマッチングと考えられ，これにより問題の定式化の妥当性，並びに内部世界での形式的処理の意味が検証される．

図2.1に問題解決のプロセスを示す．このプロセスは如何なる問題に対しても，適用できるものであり，その意味で一般的枠組と言える．しかしながら，具体的には未解決なことが多い．現実の問題では，その定式化の部分が極めて難しく，前述のように数式による定式化が可能な例は少ないと推察される．外部世界を如何に忠実に記述するかは永遠の課題である．AIの重要な分野である自然言語理解や画像理解は，外部世界から形式的記述への変換という側面を持っている．また一方で，外部世界として実環境などを対象とする場合には，完全な記述を得るのは不可能であるという前提に基づく考察が，近年盛んに試みられている．

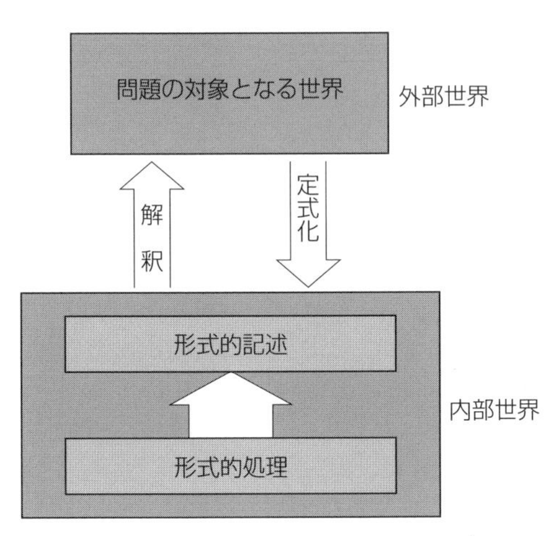

図 2.1 問題解決プロセスのモデル図（文献[1]より）

2.2 AIで対象とする問題

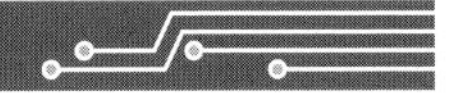

AIの古典的問題として，ゲームやパズルがある．AIの目標に「人間の知的活動を工学的に実現する」がある以上，時として寝食を忘れて人間が没頭してしまうゲームやパズル（これも人間の知的活動である）をコンピュータにもやらせたいとAI研究の先達者が思ったのは当然のことのように思える．実際，コンピュータが誕生して間もない1950年に情報理論の大家C.E.Shannonの作ったチェスのプログラムがAIプログラムの第1号とされている．ゲームプログラミングはAIの一分野として生き続け，Deep Blueと呼ばれるプログラムが1997年にはチェスの世界チャンピオンに勝利するまでになった†（6回戦を戦い2勝1敗3分）．

さて，ゲーム，パズルを解く問題の本質はどのようなものであろうか？たとえば，複雑なゲームでは，こうすれば相手に必ず勝てるという手順が見あたらない．すなわち，ゲームでは直接的な解法が定まっていないことになる．よって，AIが対象とする問題が持つ性質の一つに，解法，解決手順が決まっていな

† そのプログラムが真に知的かどうかは議論の分かれるところである．

いことが挙げられる．

さらにゲーム，パズルでは，ある局面において可能な手を考慮し，それから何らかの判断に基づき，一つの手を選択する状況がある．これを実現するには，解が存在する空間の中から，解を試行錯誤的に探索することが必要となる．前節の用語を借りれば，内部世界における形式的処理に必ず探索が含まれることを意味する．すなわち，AIで対象とする問題とは探索が不可避な問題であると一般性を失うことなく定義できるのである．

さて探索は，予め手順が与えられていないときにも，可能な全ての手順を作り出し，試行することで所望の結果になるかどうかを調べることができる．これは，ある種の判断機能をも有していることを暗示し，探索は知的活動の一端を生じさせることになる．第一世代のAI研究では「人間には知能があり，知能が様々な知的活動の源になっている」との考えが支配的であり，そして「知能は，ドメインやタスクによらない一般的な能力である」とされていた．つまり「知能＝探索」という等式が根底にあり，探索による問題解決がAIの中心的課題であった．もちろんこの考え方は誤りではない．しかし現実的な問題における探索空間はすぐに指数関数的に増大し，いわゆる組合せ爆発が生じる．すなわち，計算理論的にはクラスNPになる．必然的に当時のAI研究では，トイ問題（toy problem）と呼ばれる小規模の問題を対象とせざるを得ず，このことがAIを現実とは乖離した研究であると見なす遠因にもなったのである．

2.3　問題の定式化法

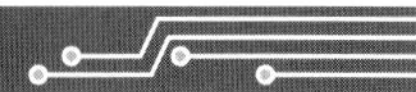

本節では，AIの問題の定式化に適した手法として，状態空間法，問題分割法，手段目標解析について述べる[2), 5)]．

2.3.1　状態空間法

ここで状態空間法（state space method）と呼ばれる，状態とオペレータに基づく問題の定式化を示す．8パズルを例にとり話を進めていく．

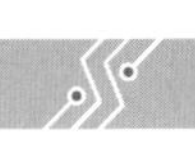

［問題2］ **8パズル**

図2.2 (a) のような3×3の盤があり，盤上には1〜8の番号のついた駒と空所（黒く塗りつぶした場所）がある．空所には上下左右の駒を滑らせて移動させることができる．

ランダムに配置された1〜8の駒を図2.2 (b) の標準配置に戻す手順を求めよ．

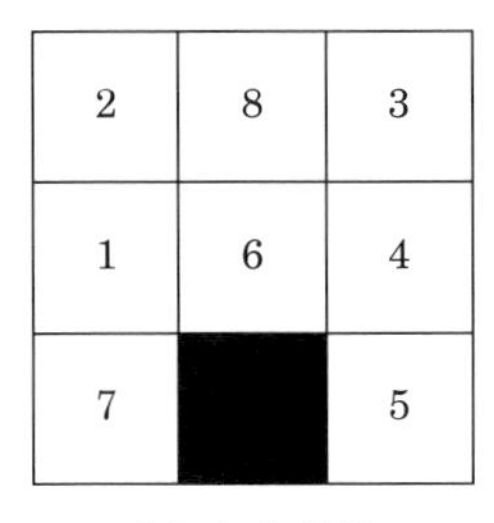

2	8	3
1	6	4
7	■	5

(a) 初期状態

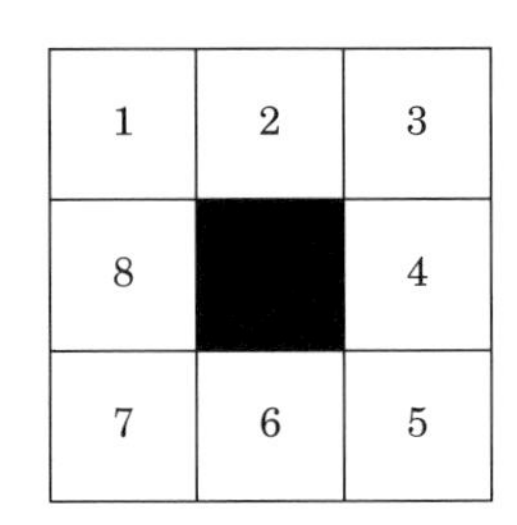

1	2	3
8	■	4
7	6	5

(b) 最終状態

図2.2 8パズル

この問題の最も直感的な解法は，図2.2 (a) の配置の初期状態から，駒を適当に動かし配置状態を変えつつ，同図 (b) の最終状態にすることであろう．このとき，状態，及び状態を変化させるオペレータの概念が問題の明確化する上で役に立つ．駒の移動は状態を変化させるので，オペレータとなり，オペレータの系列がこの問題の解となる．

以下に，状態空間法の形式的定義を行う．

状態空間法：$< Q, O, \psi, Q_i, Q_f >$

1. **状態空間集合 Q**：問題の対象となる全ての状態空間
2. **オペレータ集合 O**：状態を変化させるものの集合
3. **状態遷移関数 ψ**：$Q \times O \rightarrow Q$．状態とオペレータから状態への写像．状態遷移関数はオペレータにより状態を変化させるルールと見ることもできる．
4. **初期状態 Q_i**：$Q_i \subset Q$
5. **最終状態 Q_f**：$Q_f \subset Q$

状態空間法は，AIの問題を定式化する最も一般的なものである．なお，1.〜5. が全て既知のときは，well-structured な問題，そうでないときは ill-structured な問題と言われる．また，状態空間法による求解は**古典的プランニング**（classical planning）と呼ばれることもある．このとき解となるオペレータの系列をプランと言う．プランニングについては5章で詳述する．

ところで，状態空間を構成する状態はどのように表現すればよいのだろうか？実際，任意のデータ構造，すなわち記号列・ベクトル・配列（アレイ）・グラフ・木・リストなどが考えられる．しかし，問題の状態を具体的にどのように表現するべきかについては，問題に依存するべき事項である．一般的な方策として，問題の性質を反映させやすいこと，オペレータの設定が容易なことが挙げられる．

ここで問題2の定式化を図る．第1に状態表現について考えよう．

＜表現1＞（リスト）

空所を便宜上，数字0とし，1〜8の駒を数字1〜8とする．ここで，盤上の中央位置をCとし，その八方位の位置を真上から反時計回りに，N，NW，W，SW，S，SE，E，NEと記すことにする．各駒をリスト［数字，位置］で表すと図2.2（a）の状態は，以下で表される．

[[1 W] [2 NW] [3 NE] [4 E] [5 SE] [6 C] [7 SW] [8 N] [0 S]]

＜表現2＞（配列）

3×3の配列を盤と対応させ，数字の使い方は表現1と同様とする．

図2.2（a）の状態は図2.3のように表現できる．表現1と表現2を比べる

2	8	3
1	6	4
7	0	5

図2.3　2次元配列による状態表現

と，後者の方が盤面の把握が容易であると考えられるのでここでは表現2を採用する．

第2に，オペレータについて考える．オペレータとは，状態を変化させるものとして定義した．オペレータを作用させるには，前提条件と呼ぶ一定の条件が必要となる．前提条件は，オペレータ毎に決められる．ここでオペレータの記述形式を次の通りとする．

　　オペレータ：if　前提条件　then　オペレーション

8パズルの場合，駒または空所を動かすことがオペレータに相当する．駒に着目してオペレータを定義すると，8個の駒に対して前提条件の真偽を調べる必要が生じるので，効率が良くない．そこで逆に考えて，1個しかない空所に着目してオペレータを定義する．以下のように4つのオペレータUP, DOWN, RIGHT, LEFTを導入する．

UP：　　if　空所の上に駒がある　then　空所を上に動かす
DOWN：　if　空所の下に駒がある　then　空所を下に動かす
RIGHT：　if　空所の右に駒がある　then　空所を右に動かす
LEFT：　if　空所の左に駒がある　then　空所を左に動かす

第3に，以上の状態とオペレータに関する表現に基づき，状態とオペレータの積集合から状態への写像，すなわち状態遷移のルールを定義する．図2.4に24種のルールを示す．矢印の元の状態にオペレータが作用して，矢印の先の状態に遷移する．

問題2について初期・最終状態は既知であるので，以上により定式化が完了する．ここで，初期状態からオペレータの適用による可能な状態の集合（状態空間と呼ぶ）を統一的に表現する枠組が必要となる．このための有用なものに木による記述がある．木は，親節点を持たない特別な節点（根と呼ぶ）が存在し，各節点は唯一の親節点を持つ有向グラフである．

木を用いて状態空間を構成すると図2.5のようになる．また，具体例として問題2の木を図2.6に示す．両図から明らかなように，初期状態Q_iを根，各状態を節点，オペレータを枝，そして最終状態Q_fを1つないしは複数の葉とする木になる．すると問題の解法は状態空間を表す木の上での探索に帰着され，

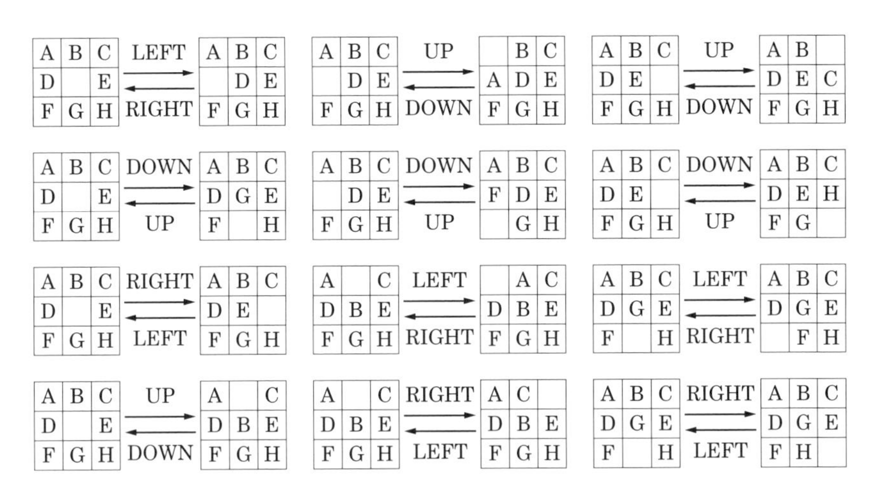

図 2.4 状態遷移ルール

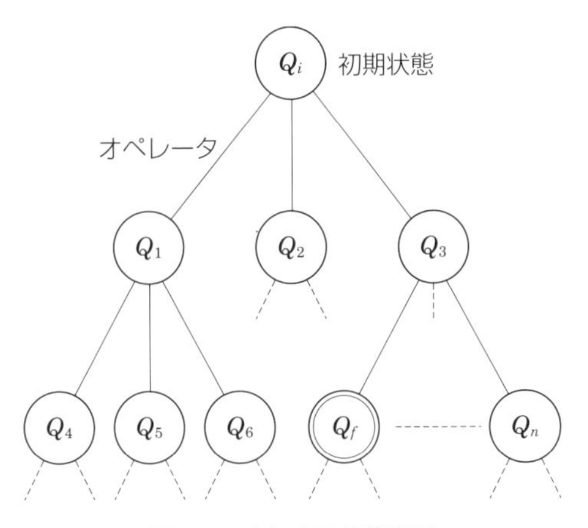

図 2.5 木による状態表現

また解（プラン）は Q_i から Q_f へのパス（オペレータ列）となる．なお，探索の具体的方法は 3 章で述べる．

ここで探索の向きに関連する**前向き探索**と**後向き探索**について説明しておく．いまも述べたように探索の目標は，状態空間中で初期状態から最終状態に至るパスを見つけることであるが，探索の向きには初期状態から開始するものと，最終状態から開始するものとの 2 種類がある．前者を前向き（forward）探索，

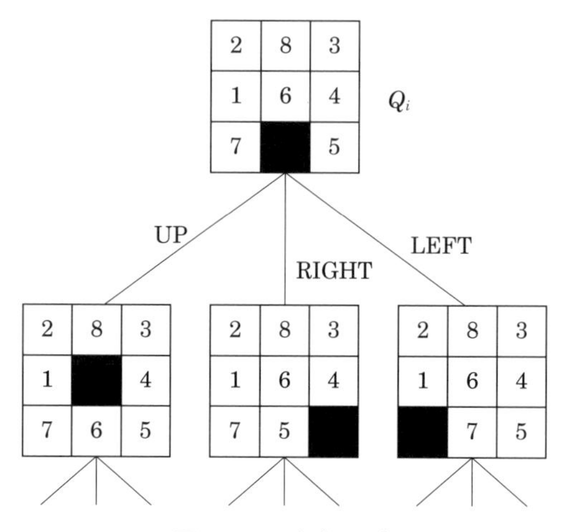

図 2.6　8 パズルの木

あるいはボトムアップ（bottom-up）探索，後者を後向き（backward）探索，あるいはトップダウン（top-down）探索と呼ぶ．

問題別に見ると，問題 2 の 8 パズルの場合は，両者の違いはほとんどないが，ハノイの塔として有名なパズルの場合には，次節で述べる問題分割を行い，後向き探索をする方が効率的であることが知られている．これは，問題に依存することで，2 手法の絶対的能力の差を示唆するものではないと思われるが，後向き探索の方が，「最終状態がこうであるから，その 1 つ前の状態はこうでなければならない」という人間の問題解決過程に近いという意見もある[1]．

2.3.2　問題分割法

複雑な問題の解決には，別の問題に置き換えたり，問題をいくつかの単純な部分問題に分割して解くことがある．ここでは問題分割法（problem reduction method）[2] のアウトラインを与えることを主旨とし，次の簡単な問題を題材にする．

[問題 3]

大阪市から四国の松山市まで行きたい．どのようにすればよいだろうか．

この問題の解き方として，4つの場合が考えられる．

1. 飛行機で行く．
2. 車で行く．
3. フェリーで行く．
4. 鉄道で行く．

このうち2. の問題は次の部分問題に置換できる．

2-1 大阪から岡山県の倉敷市まで車で行く．

2-2 倉敷市から香川県の坂出市まで瀬戸大橋を車で渡る．

2-3 坂出市から松山市まで車で行く．

問題3を解くには，1.〜4. の何れかを解けばよく，2. は2-1〜2-3の全てを解けばよいことになる．これを形式的に表現すると，図2.7のように **AND/OR** 木になる．同図中の各節点は，子節点としてAND節点（枝に弧を付加して表す）あるいはOR節点を持つ．AND/OR木は次の意味を持つ．

- □ ある節点がAND節点を持つときは，その全てのAND節点が解決されていれば，その節点は解決されている．
- □ ある節点がOR節点を持つときは，OR節点の1つが解決されていれば，その節点は解決されている．
- □ 終端節点は解決されている節点である．

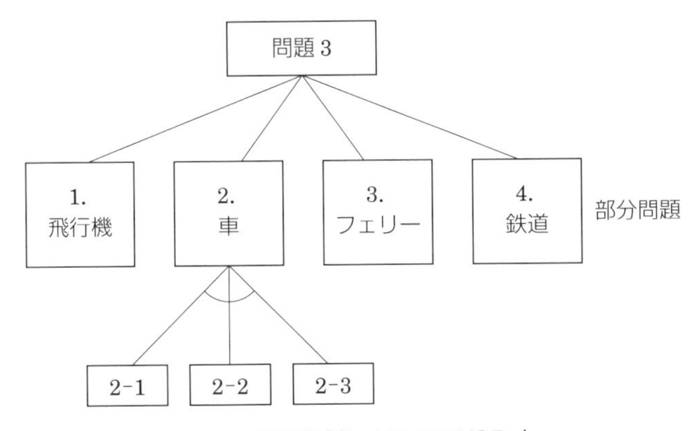

図2.7 問題分割によるAND/OR木

問題分割により問題はAND/OR木で表現され，問題を解く操作はAND/OR木を探索することに帰着される．ただし，AND/OR木の探索は，図2.5のようなOR木より若干複雑になる．

部分問題への分割プロセスは，繰り返して行うことができる．その結果，部分問題はより小さな問題に置き換えられていき，最終的に**素問題**（primitive problem）（それ以上分割できない問題）が得られる．部分問題に分割し，それを解くことにより問題を解決する手法が問題分割法である．この手法はアルゴリズム理論における**分割統治法**（divide and conquer method）と同様の発想と言える．

2.3.3 手段目標解析

問題の定式化法ではないが，状態空間法と密接な関連をもつ問題解決のフレームワークに手段目標解析（means-ends analysis）がある．手段目標解析は，Newell, Simonによって提唱されたGPS（General Problem Solver）で利用された[4]．人間が問題解決に際して明確な目標を持ち，目標にかなう方向に沿って探索を進めていくという問題解決過程にヒントを得たものである．

GPSの必須項目を下に挙げる．なお，初期状態と最終状態の記号表現が与えられることが，GPS適用の大前提となる．

手段目標解析（GPS）：

1. **初期状態と最終状態**
2. **オペレータ**
3. **手段－目標表**：差異とオペレータの具体的な対応表を指し，ある目標を持っているとき，どのオペレータの適用（手段）が有効かを示す．
4. **差異**：差異の複数存在時に解消すべき差異の重要度の順序を示したもの

GPSは問題の初期状態，目標状態に対して，それらの間の差異（difference）を計算し，この差異の解消を図る．そして差異を減少させるのに手段－目標表を参照し，有効なオペレータを適用することにより探索していく．

GPSの基本動作は次の2つである．1つは，ある時点で目標に有効なオペレータを最初に選び，適用可能であれば，それを適用する（前向き探索）．もう

1つは，目標に有効なオペレータがすぐには適用不可能ならば，適用可能にすることを副目標（sub-goal）として再帰的にそのプロセスを繰り返す（後向き探索）．このようにGPSは前向き探索と後向き探索を巧妙に組み合わすことができる．

GPSにおける探索の合理性は，差異，及び手段−目標表なる知識に起因する．対象とする問題が前述の前提を満足し，4つの必須項目が設定できれば，GPSは原理的に任意の問題の解決に利用できる．GPSの特長は，オペレータの記述という知識とは別の形式の知識（手段−目標表・差異）をシステムに導入した点にあり，ある意味において知識の重要性を示唆したものであろう．

演習問題

(1) 「宣教師と人喰い人種（missionaries and cannibals）の問題」
川の一方の岸に，3人の宣教師と3人の人喰い人種がいて，川の向こう岸に渡ろうとしている．川には2人乗りのボートが1艘だけあり，これを用いて川を渡るものとする．ただし，川の両岸，及びボートの上で人喰い人種の数が宣教師の数より多くなると，宣教師は食べられてしまう（同数のときは大丈夫）．宣教師が食べられることなく，6人全員が川を渡るにはどのようにすればいいだろうか？
以上の問題を状態空間法で定式化し，解を求めよ．

(2) 「猿とバナナ（monkey and banana）の問題」
1匹の猿が1個の箱と1房のバナナのある部屋にいる．バナナは天井からぶら下がっており，猿の手は届かない．猿がバナナを取るにはどうすればよいか？
この問題では，猿が箱のところへ行き，箱をバナナの下まで押して行き，箱に登ってバナナを取ると考えられる．状態空間法によりこの問題を定式化せよ．

(3) 「水瓶（water jug）の問題」
Lサイズ・Sサイズ2つの水瓶があり，Lサイズには最大 $7l$，Sサイズには最大 $5l$ 入る．最初は両方とも空っぽとし，この2つの水瓶だけを用いて，最終的にLサイズの水瓶に $4l$ の水を残すようにするには，どのようにすればいいか？ただし，最終状態におけるSサイズの水瓶の状態は任意とし，実行できる操作は次の4種のみとする．
a) 水瓶に水を新たに注いで満杯にする．
b) 水瓶の水を捨てて空にする．
c) 一方の水瓶の水を空になるまで他方に注ぐ．
d) 一方の水瓶の水を他方に満杯になるまで注ぐ．

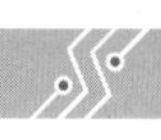

状態空間法により定式化せよ.

(4) 「ハノイの塔(tower of Hanoi)の問題」
3本の柱 a,b,c があり,柱 a には真ん中に穴の開いた円盤(大・中・小)が3枚重ねられている(下から大,中,小の順).柱 b をうまく使いながら,3枚の円盤を柱 c に移す手順を求めるのが「ハノイの塔の問題」である.ただし,小さい円盤の上に大きな円盤を乗せてはいけない.
この問題を最終状態から解くものとして問題分割法を適用し,素問題はどれか明示せよ.

(5) 手段目的解析が適用できない具体的な問題を1つ示せ.

文献

1) 辻井 潤一,“知識の表現と利用”,昭晃堂,1987.
2) N.J.Nilsson, “Problem-Solving Methods in Artificial Intelligence”, McGraw-Hill, 1971.
3) E.Charniak and D.McDermott, “Introduction to Artificial Intelligence”, Addison-Wesley, 1985.
4) A.Newell and H.A.Simon: “GPS, A Program that Simulates Human Thought” in E.Feigenbaum et al. eds., *Computers and Thought*, McGraw-Hill, 1963.
5) A.Barr and E.A.Feigenbaum, “The Handbook of Artificial Intelligence”, Volume I II, Pitman, 1981.

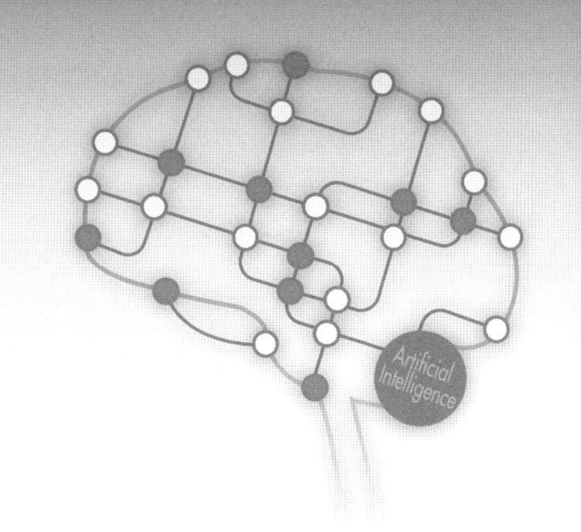

第3章 探　索

問題解決の基礎となる木の探索手法について述べる．探索（search）は，探索時に付加的情報を利用しない手法と利用する手法に大別される．前者は状態空間の全ての状態を予め決められた順序に従い，系統的に探索していく．このような探索はブラインド探索と呼ばれ，状態空間が有限であり，かつ解が存在すれば，必ず解を見つけることができる．ところが，状態空間が大きくなると無駄な探索を行いがちである．そこで後者のように付加的情報を用いて探索の効率化を目指すことになる．この付加的情報をヒューリスティック情報と呼んでいる．この探索は「知能＝探索」＋「知識＝ヒューリスティック情報」という図式とも言える．

本章ではまず，ブラインド探索として縦型探索と横型探索，及び反復深化探索を紹介し，続いてヒューリスティック情報を用いた探索として山登り法，最良優先探索，A^* アルゴリズム，実時間 A^* アルゴリズムについて述べる．そして最後に，特殊な木の探索として，ゲーム木の探索についても言及する．

3.1 ブラインド探索

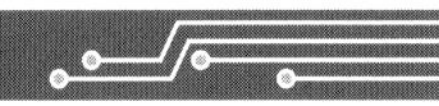

ブラインド探索（blind search）は，探索時に付加的な情報を持たずに状態空間を探索する方法である．すなわち，状態空間のどの部分を先に探すかとか，どの方向に解が存在しそうだ，などということは一切考えずにしらみつぶし的に探索するものである．ブラインド探索は，**網羅的**（exhaustive）**探索**や**力任せ**（brute-force）**探索**という別名も持つ．ここではまず，代表的な2つの方法である縦型探索と横型探索から示す[1)]．

3.1.1 縦型探索

縦型探索は深さ優先探索（DFS:depth-first search）とも言われ，ある節点を探索したとき，次の探索節点はその子節点の一つ（通常は最も左の子を優先）とし，その節点から深い節点を優先的に調べていく．図3.1の木では，S, a, c, d, b, e, g, h, fの順に探索する手法が縦型探索である．

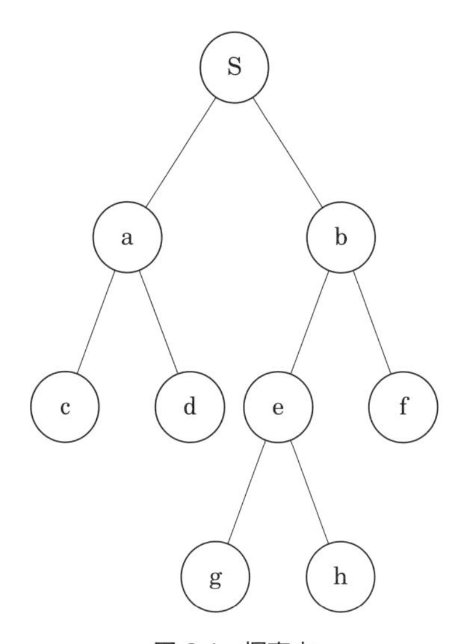

図3.1 探索木

問題解決においては出発節点から目標節点へ至る経路を得ることが必要となる．この方策として，各節点の親節点を記憶するため，節点から親節点へのポインタを付けておく．目標節点が得られたら，節点に付けられたポインタに従い，木をバックトラックすることによって目標節点までの経路が決められる．なお，探索木における全ての節点を求めてから，探索を始めるのではなく，探索した節点から子節点を順次生成しながら（この操作を節点の展開と呼ぶ）探索を進めていくことが実際の問題解決における常套手段である．以下に縦型探索アルゴリズムを示す．

<縦型探索アルゴリズム>

step 1　出発節点をリスト L1 に入れる．

step 2　if　L1 = 空　then　探索は失敗，終了．

step 3　L1 の先頭の節点 n を取り除き，リスト L2 に入れる．

step 4　if　n が目標節点である　then　探索は成功，終了．

step 5　if　n が展開できる（子節点を持つ）

then　展開し，得られた子節点を順序（左の子が先頭）を保存してリスト L1 の先頭に入れる．子節点から n へのポインタを付ける．step 2へ

else　step 2へ

本アルゴリズムで 2 つのリスト L1，L2 には以下のものが保存される．

L1：生成された節点の内，未展開の節点

L2：展開済みの節点（探索された節点）

図 3.1 の木に縦型探索を行ったときの，L1 と L2 の変化の様子を表 3.1 に示す．

3.1.2 横型探索

横型探索は幅優先探索（BFS:breadth-first search）とも言われ，木の浅いと

表 3.1　縦型探索におけるリストの変化

ループの回数	リスト L1	リスト L2
0	[S]	ϕ
1	[a b]	[S]
2	[c d b]	[a S]
3	[d b]	[c a S]
4	[b]	[d c a S]
5	[e f]	[b d c a S]
6	[g h f]	[e b d c a S]
7	[h f]	[g e b d c a S]
8	[f]	[h g e b d c a S]
9	ϕ	[f h g e b d c a S]

ころから深いところへ，同じ深さの節点（通常は左から）を優先的に調べていく．すなわち，如何なる節点からも深さ 1 ずつ順に展開していく．たとえば，図 3.1 の木では，S, a, b, c, d, e, f, g, h の順に探索する手法が横型探索である．そのアルゴリズムは以下に示す通りである．

＜横型探索アルゴリズム＞

step 1　出発節点をリスト L1 に入れる．

step 2　if　L1 = 空　then　探索は失敗，終了．

step 3　L1 の先頭の節点 n を取り除き，リスト L2 に入れる．

step 4　if　n が目標節点である　then　探索は成功，終了．

step 5　if　n が展開できる（子節点を持つ）

then　展開し，得られた子節点の順序（左の子が先頭）を保存してリスト L1 の最後に入れる．子節点から n へのポインタを付ける．step 2 へ

else　step 2 へ

図 3.1 の木に横型探索を行ったときの，L1 と L 2 の変化の様子を表 3.2 に示す．

表 3.2　横型探索におけるリストの変化

ループの回数	リスト L1	リスト L2
0	[S]	ϕ
1	[a b]	[S]
2	[b c d]	[a S]
3	[c d e f]	[b a S]
4	[d e f]	[c b a S]
5	[e f]	[d c b a S]
6	[f g h]	[e d c b a S]
7	[g h]	[f e d c b a S]
8	[h]	[g f e d c b a S]
9	ϕ	[h g f e d c b a S]

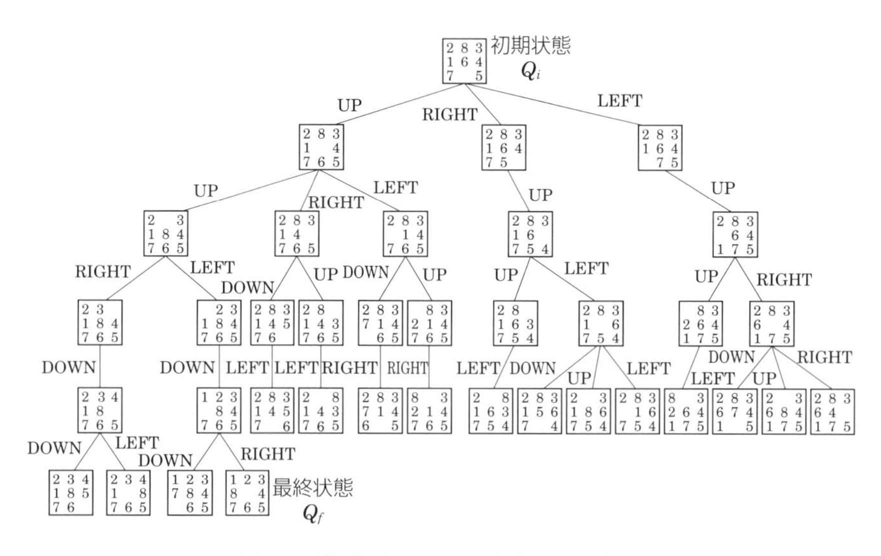

図 3.2　横型探索による 8 パズルの木の探索

また，図 3.2 に問題 2（前章の 8 パズル）を横型探索で解いた例を示す．

3.1.3　縦型 vs 横型

縦型探索と横型探索のアルゴリズム上の違いは，展開された子節点のリスト L1 への入れ方（step 5）である．縦型探索におけるリストのデータ構造は，**LIFO**（last-in first-out；最後に入ったデータが最初に出るという意）リスト，ないしはスタック（stack）と呼ばれ，一方，横型探索のそれは **FIFO**（first-in first-out；最初に入ったデータが最初に出るという意）リスト，ないしはキュー（queue）と呼ばれる．プログラム技法の面から言うと，スタックの方がキューより扱いは簡単である．したがって，縦型探索は簡便な探索手法として広く利用されており，論理型プログラム言語として知られる PROLOG にも採用されている．

ここで，探索木の各ノードの分枝数を b，探索木の深さを d とし，深さ d に目標節点が存在する場合に対して，縦型探索，横型探索各々の領域計算量（メモリ量と記す），時間計算量（単に計算量と記す）を考えよう[2)]（演習問題参照）．まず，縦型及び横型探索に必要なメモリ量は，先に示したアルゴリズムのリスト L1 の長さに依存する．縦型では，アルゴリズムが深さ d の最初の節点に到達し

たとき，リストは最大長となる．深さ 0 から $d-1$ に対し各深さで $b-1$ 個の節点を格納し，さらに深さ d の最初の節点を格納するため，リスト長は $d(b-1)+1$ となる．一方，横型は深さ d の最初の節点を探索するまでに深さ $d-1$ の節点全て，すなわち b^{d-1} 個の節点を最低でもリストに格納する必要がある．故に，b を固定して考えると，**縦型探索のメモリ量は深さ d の線形オーダになり，横型探索のそれは深さ d の指数オーダとなる．**

次に，計算量は各アルゴリズムが探索するノード数として評価できる．この場合，**計算量のオーダは縦型，横型を問わず，深さ d の指数オーダ $O(b^d)$** となるが，厳密には，横型の方が縦型より $(1+\frac{1}{b})$ 倍掛かるとされている．$b=2$，すなわち 2 分木では 1.5 倍多くなるが，$b=100$ なら 1.01 倍に過ぎない．

このように，縦型探索の方が計算効率は若干良く，メモリ量は格段に低いため，優れているように思われるが，かならずしもそうとも言えない場合もある．いま，目標節点が複数あり，そのうち出発節点より近いもの，すなわち探索木で言うなら浅いところに位置する目標節点を探索したい場合を考える．仮に，木の右上部に所望の節点があるなら，縦型探索は良い能力を示し得ない．また，探索木の深さが本質的に無限大で，上と同様の位置に目標節点があるなら，縦型探索では，目標節点とは異なる節点を際限無く展開する危険性をはらんでいる．探索木の全体的形状と目標節点の位置に関して，以下のことが判明している．目標節点の深さが探索木の深さより小さいとき，横型の方が縦型より優れた探索能力を持つ，ということである．

それでは，縦型のメモリ量 $O(d)$ を維持したまま，横型探索の優れた探索能力をも併せ持つブラインド探索はあるのだろうか？次節に示す**反復深化** (iterative deepening) 探索は上述の目的のために考案された手法である．

3.1.4　反復深化探索

前節で考察したように，縦型探索の能力が落ちる場合は，目標節点の深さが木の深さより著しく小さい場合である．そこで，反復深化探索では，目標節点の深さと探索する範囲の木の深さが均衡するように探索を進める．具体的な考え方は，探索を打ち切る深さを設定し，目標節点に到達しないときは，打ち切る深さを順次深くしながら，反復的に縦型探索を実行していく，というものである．以下にアルゴリズムを与える．

＜反復深化探索アルゴリズム＞

step 1　cutoff（探索を打ち切る深さ）の初期値を 1 とする．

step 2　出発節点をリスト L1 に入れる．

step 3　if　L1 = 空　then　cutoff をインクリメント，step 2 へ．

step 4　L1 の先頭の節点 n を取り除き，リスト L2 に入れる．

step 5　if　n が目標節点である　then　探索は成功，終了．

step 6　if　n が展開できる（子節点を持つ）かつ n の深さ <cutoff ならば
then　展開し，得られた子節点の順序（左の子が先頭）を保存してリスト L1 の先頭に入れる．子節点から n へのポインタを付ける．step 3 へ
else　step 3 へ

本アルゴリズムは，目標節点より浅い節点を複数回たどることに注意しよう．反復深化探索では，目標節点が 2 つ以上ある場合でも，明らかに一番浅い目標節点が見つけ出され，縦型探索の問題点を巧みに回避している．本アルゴリズムのメモリ量は縦型探索と同様である．一方，計算量はオーダ的に縦型・横型と同様であるが，厳密には，縦型の $\frac{b+1}{b-1}$ 倍（b はノードの分枝数）になると言われている．ちなみに，$b = 2, 100$ のとき，各々 3 倍，1.02 倍になる．現実的な意味から，反復深化探索は最適なブラインド探索であるとされている．

さて，以上紹介したブラインド探索は，状態空間（すなわち探索空間）の大きさを表す探索木の深さに指数オーダの計算量を持つ．したがって，状態空間が極めて大きい問題に対処するときには，そのままでは使えないことに注意されたい．なお，その他のブラインド探索には，幅に対して探索を打ち切る制限を設けた反復幅拡張探索（iterative broadening），さらに，出発節点からの前向き探索と目標節点からの後向き探索の双方を同一状態の節点が見つかるまで同時に実行する双方向探索（bidirectional search）などがある[2), 3)]．

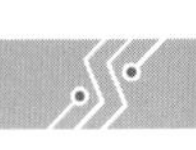

3.2 ヒューリスティック探索

前節で示したブラインド探索は，問題に依らない汎用の探索手法であるものの，往々にして無駄な探索を行いがちである．この理由は，問題に対する特有の情報・知識を利用していないからであり，これらを有効利用すれば状態空間の探索は格段に効率的になると予想される．かくいう我々も捜し物をするときには，あたりかまわず捜すのではなく，捜しているものや状況に応じて，「いつものところに置いているかも知れないから，そこから先に捜す」とか，「あの場所までは持っていたのを覚えているから，そこより後に立ち寄った場所を先に捜す」などの戦略を立てて，捜す手順を要領良くしようとする．このようなやり方には，何らかの付加的情報を手助けにしていることが容易にわかる．

探索に役に立つ情報とはどのようなものであろうか？前述の縦型・横型探索の際に，節点を展開するという操作がある．一つのアイデアとして，展開操作によって得られる状態がどの程度目標状態に近いかを判定し，それを基に探索の方向を限定するということが考えられる．8パズルの場合には，探索のある時点で得られる状態と最終状態を比較し，最終状態に近づくようなオペレータの枝に対する節点を展開すればよい．

完全に正しいという保証はないが，対象とする問題に関する大部分において役に立つ情報をヒューリスティック（heuristic）な情報（**発見的知識**，**ヒューリスティックス**と呼ぶこともある）といい，これに基づく探索を**ヒューリスティック探索**という．

探索にヒューリスティック情報を用いるには，これを定量的に表現することが必要となり，一般には**ヒューリスティック関数** $h(x)$ で表す．関数 $h(x)$ は，「状態 x が目標状態にどれだけ近いと考えられるか」という状態 x の良さの評価値を与える．したがって，ヒューリスティック探索において状態を表す各節点で良い評価値の節点，言い換えれば目標状態に近づこうとする節点を展開していけばよい．以降の議論では，$h(x)$ が小さい程，良い状態を表すものとする．

3.2.1 山登り法

山に登ろうとするとき，途中のある地点に立っていて，どのような戦略で次の一歩を踏み出すであろうか？恐らくその地点から，一歩の範囲の中で最も高い地点に行ける方向を選択するであろう．そして，その地点で前と同様に最も高いところに行けるように選択する．これを繰り返すとそのうち，次のどの一歩を選択しようともその地点より低くなる．—そこは山頂—．

山登り法 (hill climbing) は上述の戦略を用いた探索法である．山頂が目標状態で，山頂との高さの差がヒューリスティック関数である．現在の状態から展開した節点集合において，最も関数値の小さい節点を選択し，さらにその選択された節点から展開を繰り返すもので，考え方は至ってシンプルである．なお，山登り法は**勾配降下法** (gradient descent) とも呼ばれる．ここでは，ヒューリスティック関数値を目標への推定コストと想定し，それが小さい程良い状態としているので，勾配降下法と呼ぶ方が直観には合うだろう．

＜山登り法＞

step 1　出発節点をリスト L に入れる．
step 2　if　L = 空　then　探索は失敗，終了．
step 3　L の先頭の節点 n を取り除く．
step 4　if　n が目標節点である　then　探索は成功，終了．
step 5　if　n が展開できる (子節点 $n_i, (1 \leq i \leq k)$ を持つ)
　　then　展開し，$h(n') = \min(h(n_i)), (1 \leq i \leq k)$ となる節点 n' を L の先頭に入れる．その節点 n' から n へのポインタを付ける．step 2 へ
　　else　step 2 へ

山登り法は関数の最小 (大) 化に基づく探索である．しかし，山登り法ではいつでも，大局的最適値に到達できる保証はなく，図 3.3 のように多峰性である場合には**局所的最小値** (local minima) に陥る可能性がある．ヒューリスティック関数の質によっては，解が得られないこともある．また，高原 (plateau) のような状態になると，次に進む方向を見失うことになる．局所的最小値は山登

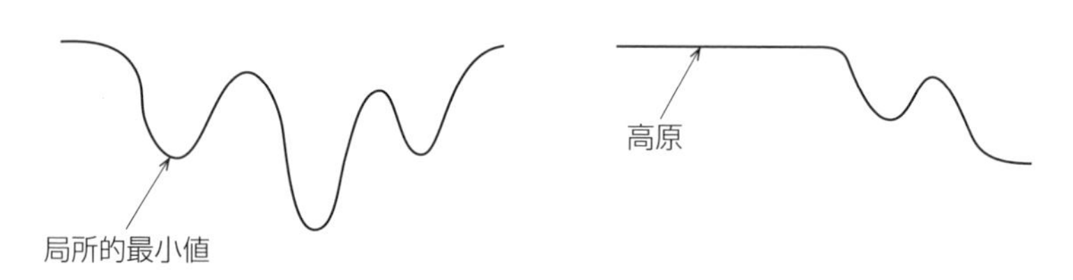

図 3.3　山登り法での局所的最小値と高原

り法の本質的な問題であり，これを回避するために探索の範囲を探索時間の経過とともに変化させるシミュレーテッド・アニーリング法が提案されている[2)].

3.2.2　最良優先探索

最良優先探索（best first search）は，展開節点の選び方を山登り法のそれよりもより大局的にした探索法である．次に探索すべき節点をヒューリスティック関数値に基づき，その時点までに得られた全ての未展開節点から選択する．

＜最良優先探索＞

step 1　出発節点 S をリスト L1 に入れる．

step 2　if　L1 = 空　then　探索は失敗，終了．

step 3　L1 の先頭の節点 n を取り除き，リスト L2 に入れる．

step 4　if　n が目標節点である　then　探索は成功，終了．

step 5　if　n が展開できる（子節点を持つ）

then　展開し，全ての子節点から n へのポインタを付ける．全ての子節点をリスト L1 に入れ，リストの要素である節点 m_i を $h(m_i)$ の昇順にソーティングする．step 2 へ

else　step 2 へ

図 3.4 は山登り法と最良優先探索の違いを示すもので，ノード内の数字がヒューリスティック関数値である．第 3 ステップで，山登り法が $\{7, 8\}$ から最小値を選択するのに対し，最良優先探索は未探索の全節点集合 $\{6, 7, 8\}$ から最小値を選択する．

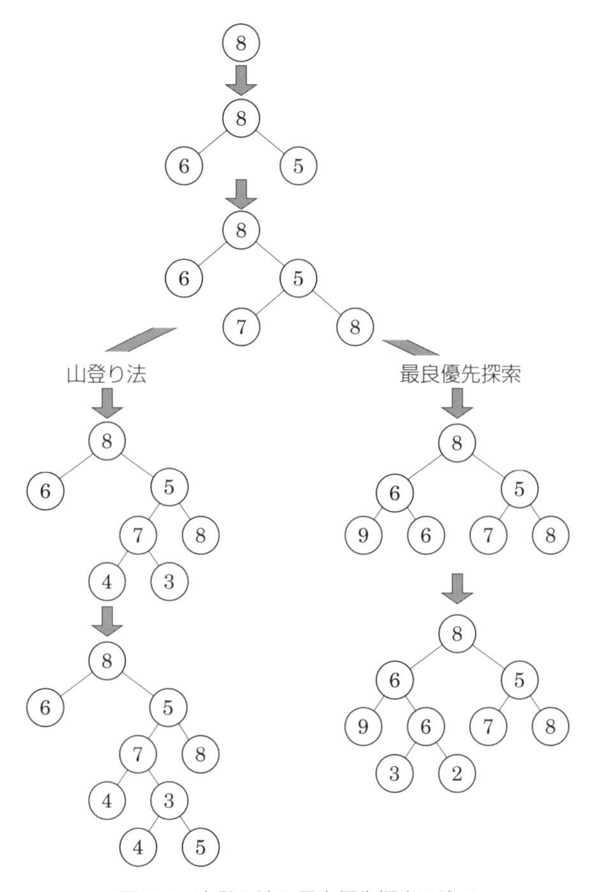

図 3.4　山登り法と最良優先探索の違い

最良優先探索は，適切なヒューリスティック関数を定めることが可能なら，方向性を有する探索であるため，ブラインド探索より効率良く目標状態を探索することができる．反面，未探索節点の格納などに，多くのメモリ量が必要となる．

3.2.3　A^* アルゴリズム

ヒューリスティック関数を用いるものの中で，A^* アルゴリズムとして名高い探索法を紹介する．最良優先探索では，評価関数によっては探索コストが最

小となる解を必ず見つけ出せるという保証はない．探索コスト最小とは，探索木・グラフにおいて各枝に対するオペレータのコストの総和が最小となることを意味し，また，各枝のコストが一定のときや，コストを想定しない場合には，木の最も浅い位置にある目標状態を見つけ出すことを意味する．A^* アルゴリズムは探索コストの点において必ず最適解（コストの総和が最小となる経路）を求めることができるという特徴を持つ．

A^* アルゴリズムでは，各節点 n での評価関数 $f'(n)$ を

$$f'(n) = g'(n) + h'(n)$$

とする．ここに，

$g'(n)$：出発節点から節点 n に至る最適経路のコストの評価値
$h'(n)$：節点 n から目標節点に至る最適経路のコストの評価値
（ヒューリスティック関数）

とし，f', g', h' の真値を各々 f, g, h とする．

< A^* アルゴリズム >

step 1　出発節点 S をリスト L1 に入れる．
　$f'(S) \leftarrow h'(S)$

step 2　if　L1 = 空 then　探索は失敗，終了．

step 3　L1 の先頭の節点 n を取り除き，リスト L2 に入れる．

step 4　if　n が目標節点である　then　探索は成功，終了．

step 5　if　n が展開できる（子節点を持つ）
　then　展開し，全ての子節点 n_i について $f'(n, n_i) \leftarrow g'(n, n_i) + h'(n_i)$ を計算する．ただし，$g'(n, n_i)$ は S から n を通り n_i に至るコストの評価値．
　(i)　n_i が L1 あるいは L2 に含まれていないならば，
　　$f'(n_i) \leftarrow f'(n, n_i)$ とし，n_i を L1 に入れ，n へのポインタを付ける．
　(ii)　n_i が L1 に含まれており，$f'(n, n_i) < f'(n_i)$ ならば，

$f'(n_i) \leftarrow f'(n, n_i)$ とし，n へのポインタを付ける．

(iii) n_i が L2 に含まれており，$f'(n, n_i) < f'(n_i)$ ならば，
$f'(n_i) \leftarrow f'(n, n_i)$ とし，n_i を L2 から取り除き，L1 に入れ，n へのポインタを付ける．

L1 内の節点を f' の昇順にソーティングする．step 2 へ

else　step 2 へ

A^* アルゴリズムは $h'(n) \leq h(n)$ のとき（この条件を適格性（admissibility）条件という）良好に動作し最適な目標状態を探索する．さらに，$h'(n)$ が $h(n)$ の下限に近いほど，探索される節点は少なくなるという特徴を有する．

3.2.4 実時間 A^* アルゴリズム

A^* アルゴリズムは，目標に至る経路を前もって探索してから，その解を適用する（移動）ものと見なし得るので，オフライン探索と呼ばれることがある．これに対して，一定時間の探索の後，経路を決め，移動しながら探索を続ける**実時間探索**（real time search）の研究が近年盛んになってきた．これは，移動ロボットや資源制約のあるシステムのプラニングにおいて実時間性が重要視されるようになったことと関係している．

本節では，Korf による**実時間 A^* (RTA^*)** アルゴリズムを紹介する[4)]．RTA^* は A^* とは異なり，最適解を求めることはできないものの，探索に要する計算量を軽減することができる．RTA^* においてもヒューリスティック関数 $h'(n)$ は A^* と等価であるが，具体的には節点 n から一定の深さを先読み（lookahead）して得られる節点 n_d の評価関数の推定値と，n から n_d までの最適経路のコストとの和の最小値として与えられることが多い．

< RTA^* アルゴリズム >

step 1　出発節点をリスト L に入れる．

step 2　if　L の先頭の節点 n が目標節点である　then　探索は成功，終了．

step 3　if　n が隣接節点 $n_i, (1 \leq i \leq k)$ を持つ

then　全ての隣接節点 n_i について $f'(n, n_i) \leftarrow c(n, n_i) + h'(n_i)$ を

計算する．ただし，$c(n, n_i)$ は n から n_i へのコスト．
$f'(n, n_t) = \min(f'(n, n_i)), (1 \leq i \leq k)$ となる節点 n_t を L の先頭に入れる（移動に相当）．最小となる節点が複数ある場合は，ランダムに選ぶ．
隣接節点 n_i が複数ある場合は，$h'(n)$ の値を $f'(n, n_i)$ のうち 2 番目に小さい値（最小値が複数ある場合は最小値）に更新する．逆に，n_i が一つしか無い場合は，$h'(n) \leftarrow \infty$. step 2 へ
else　探索は失敗，終了．

リスト L には，探索された節点が保存され，そのサイズは実際に移動した回数に比例する．A^* との違いは，状態の評価値 f' に初期状態からのコストは考えずに，現在状態からの実際のコストを考慮している点である．探索の履歴を評価しないため，同じ状態を循環的に探索し，無限ループに入るようにも見えるが，更新される h' が単調増加であるのでそのような不都合は生じない．状態空間が有限で，枝のコストが正で，評価値が有限で，かつ目標状態に到達可能ならば，RTA^* は解を必ず発見することができる（完全性）．

3.2.5　ヒューリスティック関数の具体例

さて，ヒューリスティック探索において一番重要となるのは，ヒューリスティック関数の作り方である．ここで考えるヒューリスティック関数は，「先読み」などをせず，ある状態そのものに対する直接的な評価値であるため，**静的評価関数**（static evaluation function）と考えられる．

問題 2 の 8 パズルにおけるヒューリスティック関数を考察してみよう．8 パズルの場合，目標（最終）状態が明確に与えられるので，現状態と最終状態との差異は，比較的表現しやすい．たとえば，ヒューリスティック関数には，次のようなものがあり[5)]，

$h1$：正しい位置に置かれていない駒の個数

$h2$：各駒の現在位置と正しい位置との間の距離の総和

これらを部分評価関数とみて，両者の和でヒューリスティック関数を表して問題 2 を A^* アルゴリズムで解くと図 3.5 のようになる．ただし，各枝に対する

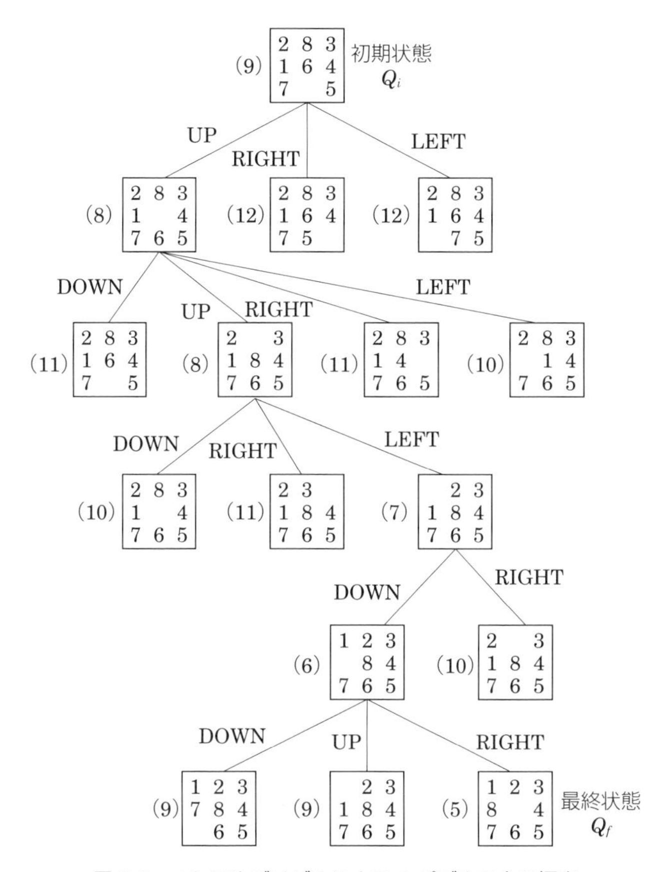

図 3.5　A^* アルゴリズムによる 8 パズルの木の探索

コストは一律に 1 としている．同図の（ ）内に各状態の評価値 f' を示す．

3.3　ゲーム木の探索

パズルと並ぶ AI の古典的問題にゲームがある．ここで対象とするゲームは，2 人で行う完全ゲームである．完全ゲームとは，2 人の人間が交互に手を指して，最終的には，2 人の何れかが勝つか，引き分けとなるゲームのことを言い，

チェス・チェッカー・囲碁・将棋などがこれに相当する．なお，結果に確率的要素の入る不完全ゲーム，すなわちダイス・バックギャモン・麻雀などは考えない．

ゲームに関する基本戦略は，自分が良い手を指し，相手が悪い手を指すように進めることであろう．すなわち，自分の評価値をなるべく高くするように，そして相手の評価値をなるべく低くするように手順を尽くすことである．さて，ゲームについてもパズルと同様に，状態空間内の木（**ゲーム木**と呼ぶ）の探索により解くことが原理的に可能である．ゲームの初期状態から，指し手に当たるオペレータを適用して，勝ち・負け・引き分けに応じた評価値を持つ最終状態に到達する経路を求めればよい．しかしながら，ゲームにおいては三目並べ（tic-tac-toe）のようなごく単純なものを除いて全ての局面に対する指し手を予め与えることは不可能である．我々が通常おもしろいと実感するゲームの場合には，状態空間がけたはずれに大きくなる．

ゲームの状態数，並びにゲーム木の大きさ（初期局面から終了までに探索する木の節点総数）は各々，チェッカーで 10^{18}, 10^{31}，チェスで 10^{50}, 10^{123}，将棋で 10^{80}, 10^{220}，囲碁で 10^{172}, 10^{360}，とされている[6)]．将棋や囲碁のゲーム木はまさに超特大の大きさなのである．したがって，ゲーム木を最初から作って，あらゆる可能性を試すという戦略は放棄せざるを得ない．

そこで相手の指し手に対し，適応的に自分の指し手を決めるようなメカニズム，いわばゲーム木の一部を探索して指し手を決めるメカニズムを導入しなければならない．これから述べる**ミニ・マックス（minimax）法**，**α–β 法**は，ゲーム木において探索を適当に制限し，最良の状態に導くであろう指し手を選ぶ手法である．これらの手法でも前節と同様に，評価関数が重要な役割を果たす．評価関数の能力が高ければ，手の先読み，すなわち探索は浅くともよい．反対に，評価関数の能力が低ければ深い探索を必要とする．言い換えれば，局面の把握が良好に行え，かつ指し手の戦略を適切に表現した知識は探索の役目を担うことができる[5)]．その意味でゲームに依存する知識の表現が大切であり，現在でもこの問題に対する研究は進められている．以下の議論ではこの問題には立ち入らず，木の節点には評価値（本節では値の高いもの程，良い状態であるとする．前節までとは逆であることに注意）が既に与えられていることを前提とする．

3.3.1 ミニ・マックス法

図 3.6 のように現在の局面 S から深さ 3 のゲーム木を考え，次の状況を設定する．“名人” と呼ぶ最初の手番を持つ人は，自分にとっての最善手，すなわち最大の評価値を取るように指し，“本因坊” と呼ぶ次の手番を持つ人は，最小の評価値を取るように指す．図 3.6 において，“名人”，“本因坊” の手番は各々□，○印で表されており，“名人”，“本因坊” は各々の局面で，評価値が最大，最小となる手を選ぶとすると，() 内の評価値が得られる．節点 c では子節点 g,h,i の内，最大となる節点 h の評価値を取り，節点 a では節点 c,d の内，最小となる節点 c の評価値を取る．最終的に，“名人” は局面 S において状態 a となる手を指すことになる．

このように得られている評価値から，相手の手番には最小値（ミニ），自分の手番には最大値（マックス）を取るように木を逆にたどっていき，その局面での指し手を決める手法をミニ・マックス法と呼ぶ．ミニ・マックス法では，評価値が正しい限り，最善の手を保証する．ただし，先読みのプロセスと局面評価が独立であるために，探索の効率という観点からは好ましくない．実際，先読みの長さに対して調べるべき節点は指数関数的に増加する．そこで先読みと局面評価を同時に行いゲーム木の枝刈りを行う α–β 法がある．

3.3.2 α–β 法

再び図 3.6 を例に取る．ミニ・マックス法では同図の全ての節点を探索するが，**α–β 法**では探索節点が省略できる．α–β 法は以下に示すようにミニ・マックス法の改良版である．

節点 x の評価値を $h(x)$ と表す．いま，ミニ・マックス手順を伴う探索により $h(\mathrm{c}) = 5$ が得られ，$h(\mathrm{d})$ を求めようとする場合を想定する．このとき $h(\mathrm{a}) \leq 5$ であることが保証される．なぜなら “本因坊” は，$h(\mathrm{c})$ と $h(\mathrm{d})$ の小さい方を取るはずなので，$h(\mathrm{d}) \geq 5$ ならば節点 d を選択することはあり得ないからである．したがって，値 5 は $h(\mathrm{a})$ の上限となる．$h(\mathrm{d})$ を求めるために，節点 j を調べると $h(\mathrm{j}) = 5$ であり，この結果節点 k,l がいかなる値を取ろうとも，“本因

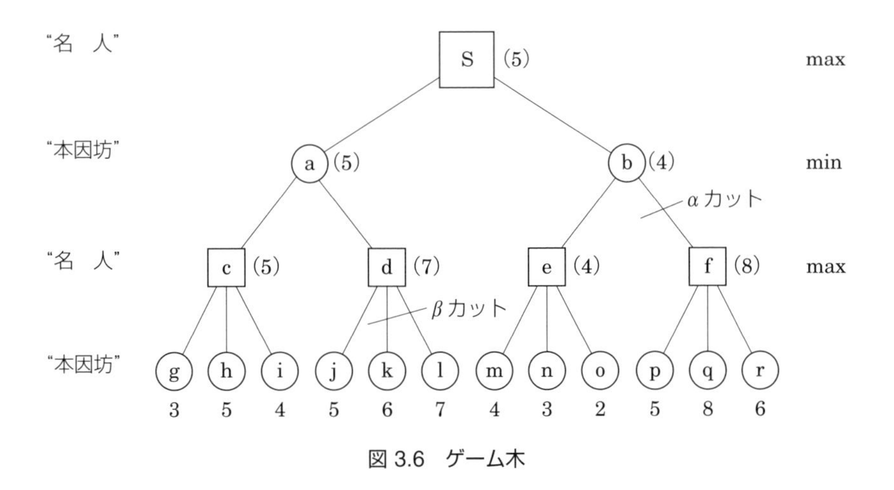

図 3.6　ゲーム木

坊" が節点 d を選択すると節点 c より有利にはならない．よって，節点 k,l の探索は省略できる．このように $h(\mathrm{a}) = 5$ と決まるので，ミニ・マックス手順により $h(\mathrm{S}) \geq 5$ であることがわかる．ここで値 5 は $h(\mathrm{S})$ の下限となる．次に，節点 e の子節点 m,n,o を調べて $h(\mathrm{e}) = 4$ を得た時点を想定する．このとき前と同様に $h(\mathrm{b}) \leq 4$ が保証されている．"名人" は節点 b を選択しても有利にはならないので，節点 f より先は調べる必要がない．

以上の手続きで最大の評価値を取ろうとするときの下限を α，最小の評価値を取ろうとするときの上限を β と呼び，α–β 法の名前はこれらに由来している．α，β による探索の制限を各々 α カット，β カットと呼び，図 3.6 において，節点 k,l の省略は β カット，節点 f 以下の省略は α カットによるものである．

3.3.3　ゲームプログラミングの現状

ゲームプログラミングに関しては，「コンピュータ <ゲーム名>」というプログラムが人間の名手と競うことによって，進歩，進化を続けている．既に人間がコンピュータの軍門に降ったゲームには，チェッカー・オセロ・バックギャモン・チェスがある．コンピュータチェスは，ゲームプログラミングのパイロットシステムとしての役割を果たし，1997 年，IBM が開発したコンピュータチェス専用マシン Deep Blue が人間のチェスチャンピオンに勝利した．コンピュータチェスの能力向上に寄与したものに，並列計算などハード的な進歩もあるが，反復深化アルゴリズムや終盤データベースなどの技法的な進歩も指摘されている[6)]．

コンピュータチェスが人間のチャンピオンに勝利したことは多方面に大きなインパクトを与え，コンピュータ将棋の開発[7)]にも拍車をかけた．一方で，1999年，情報処理学会にゲーム情報学研究会が設立され，学術的にもゲームプログラム研究を位置づけようとする機運が高まった．そして，コンピュータ将棋では，2006年に大きなイノベーションがあった．それは，機械学習とゲームプログラミングの邂逅である．有力なコンピュータ将棋 Bonanza の設計者である保木は，プロ棋士の棋譜を教師データとして教師あり学習を用いて，将棋の評価関数のパラメータの自動決定を実現した．パラメータの調整を目的関数の最小化問題として定式化し，勾配法により解いた．評価関数はゲームにおける局面評価に相当し，その決め方が重要であることは，前節に述べたが，これを自動化する道筋を与えたわけである．その後，コンピュータ将棋は，並列計算環境，多数決と合議に基づくアルゴリズムなどを加えて長足の進歩を遂げた．2014年現在，トッププロ棋士と種々のコンピュータ将棋との真剣勝負では，コンピュータ将棋が勝ち越しており，将棋のチャンピオンである名人に匹敵するレベルに到達しているように思われる．

囲碁は将棋に比べて，ゲームの状態数が 10^{90} 倍程度大きく，また石の形や強弱といった評価関数化するのが単純ではない概念を含むため，コンピュータ囲碁は，コンピュータ将棋の域には達していない．手法的な特徴を挙げると，コンピュータ将棋・チェスがミニ・マックス法による木探索を用いるのに対し，コンピュータ囲碁はモンテカルロ木探索 (Monte-Carlo tree search) という方法をしばしば採用している．モンテカルロ法とは，乱数を用いたシミュレーション法を指し，可能なすべての指し手から乱数で1手を決め，その次の局面でも乱数で1手を決め，これを勝負がはっきり決まる最終局面まで繰り返す．この最終局面までの探索を繰り返し実行し，平均的に最も勝率の高い手を選択するのである．この手法では，局面の状態の評価関数が不要になるという特徴をもつ．現状では，まだ人間のチャンピオンのレベルには，到達していないが，コン

ピュータチェス・将棋の史的発展経緯を考えると，いずれ大きなイノベーションが起こり，コンピュータ囲碁も人間を凌駕する日が来るのは疑いない．

演習問題

(1) 縦型探索，横型探索，反復深化探索の計算量を各々 T_{df}, T_{bf}, T_{id} とするとき以下を示せ．ただし，b は探索木の各ノードの分枝数とし，深さ d に目標節点があるものとする．

(a)

$$\frac{T_{bf}}{T_{df}} = \frac{b+1}{b}$$

(b)

$$\frac{T_{id}}{T_{df}} = \frac{b+1}{b-1}$$

(2) シミュレーテッド・アニーリング法における局所的最小値の回避戦略を調べよ．

(3) A^* アルゴリズムについて以下の問いに答えよ．

(a) 計算量を求めよ．

(b) ヒューリスティック関数の推定値 h' と真値 h の関係が $h' \leq h$ のとき，最適経路が探索できることを証明せよ．

(c) $h'_1 \leq h'_2 \leq h$ を満たす関数を用いた場合，それぞれについて探索節点数はどう変わるか調べよ．

(4) 反復深化 $A^*(IDA^*)$ アルゴリズムを作れ (反復深化探索を参考にせよ)．IDA^* アルゴリズムとは，関数 f がしきい値 (cutoff) 以下の節点のみを探索し (それ以上は探索をしない)，解が求まるまで cutoff をインクリメントしていく A^* アルゴリズムを指す．

(5) RTA^* アルゴリズムにおいて，評価値を 2 番目に小さい値に変更することの得失を考察せよ．

(6) 以下の問題に対するヒューリスティック関数を考えよ．

(a) n-queen 問題

(b) 将棋

(7) α–β 法について以下の問いに答えよ．

(a) α カット，β カットが最も効率良く動作するときは，どのような場合か．

(b) 上の場合に，ミニ・マックス法に比べてどの程度効率が良くなるかを解析せよ．

(8) ゲーム木における水平線効果 (horizontal effect) について説明し，その対策についても述べよ．

文　献

1) N.J. Nilsson, "Problem-Solving Methods in Artificial Intelligence", McGraw-Hill, 1971.

2) M. Ginsberg, "Essentials of Artificial Intelligence", Morgan Kaufmann, 1993.

3) S. Russell and P. Norvig, "Artificial Intelligence, A Modern Approach", Prentice-Hall, 1995.

4) R.E. Korf, "Real Time Heuristic Search", Artificial Intelligence, Vol.42, No.2/3, pp.189-211, 1990.

5) 辻井 潤一，"知識の表現と利用", 昭晃堂，1987.

6) 松原 仁，"最近のゲームプログラミング研究の動向", 人工知能学会誌，Vol.10, No.6, pp.3-13, 1995.

7) レクチャーシリーズ：「コンピュータ将棋の技術」(1)-(7), 人工知能学会誌，2011 年 5 月-2012 年 7 月.

第4章 知識表現

1970年以前のAI研究，いわば第一世代のAI研究においては，知能を問題に依らない一般的なものとして捉え，この能力を探索機能に帰着させ研究していた．初期の主要テーマであるゲーム・パズル，プラニング，定理証明などでは知能指向が明白である．当然のことながら，対象となる問題は，探索空間が狭く比較的単純化された世界における問題（トイ問題）が主となった．

エキスパートシステムの開発に緒をなす第二世代のAI研究は，トイ問題追求の反省に立ち，現実世界の問題にアタックして，知識工学という新しい分野を開拓した．知識工学は問題個別の知識を重要視し，それを知識ベース化して問題解決する新しいシステム構成論を与えた．これによりAIは知能指向から知識指向へと変貌を遂げたのである．

本章では，エキスパートシステムにおける知識処理技術のうち，知識の表現について述べる．

4.1 知識ベースシステム

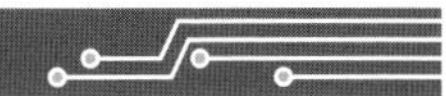

4.1.1 問題解決と知識ベースシステム

人間はどのようにして，環境を知覚し，知識を利用して問題を解決しているのだろうか．残念ながら，このメカニズムについては，ほとんど解明されていない．AI研究においても，人間のメカニズムそのものを解明することは重要なことではあるが，AI研究の大部分はそれを完全にコピーすることには拘らずに，システムに知的能力を与えようとしている．特に，知識工学の台頭以来，限られた問題領域（ドメイン）に対して一定のタスクを考慮して，人間と同等の

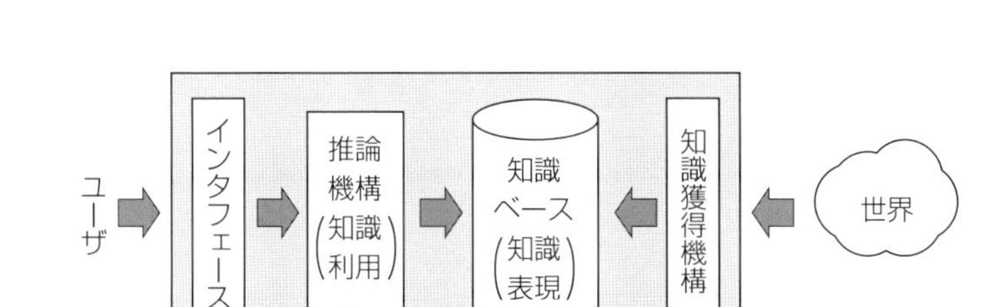

図 4.1 知識ベースシステム概念図

能力を持つシステムの開発，いわゆるエキスパートシステム（expert system）の開発が行われ，人間の知識を機械に埋め込んだシステムとも言える知識ベースシステム（KBS:knowledge based system）の基本的枠組みが形成されてきた[1)]．KBSは図4.1のように知識ベースと推論機構を中心にして，インタフェース，知識獲得機構などを有している．

4.1.2 知識と知識ベース

「知識」とは何か．深遠なる命題である．「知能」とは何か，と同様に，明確な解はおそらく存在し得ず，さまざまな観点・論点から吟味されるべきものである．逆説的に言うならば，知識なるものが不可解なため，それを明らかにするために，知識工学は存在しているのかもしれない．

さて，「知識」の概念が曖昧なのに比べて，AIの分野における「知識ベース（knowledge base）」の定義は比較的はっきりしている．

□ 問題解決の対象となる世界における事実やルールの形式的記述の集合
□ 何らかの形式で構造化されたデータの集合
□ KBSにおける推論エンジンを動かすためのもととなるものの集合（すなわち，推論エンジンのガソリン）

4.1.3 知識ベースシステムの特徴

KBSにおける知識の集合体である知識ベースと人間における知識とを考察しよう[1)]．知識ベースの特徴として，知識ベースの内容の永続性が挙げられる．たとえば，ある問題解決の熟練者がいたとしても，その人がいなくなると，たちまちその解決は不可能になる．知識や技能の継承は，世代間の交替において重要な課題となるのである．これに対し，知識ベースは一度構築すると，永続

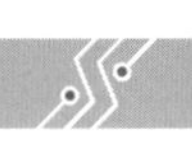

的に使用可能である．さらに知識ベースをコピーすることにより，いくらでも同じ知識ベースを生成できる．ところが，人間の場合は，ある人間の知識を別の人にコピーすることは一筋縄ではいかない．

別のKBSの特徴として**一貫性**が考えられる．KBSの出す解は知識ベースが同じである限り，解は変化しない．ところが人間は状況や気分に応じて，解を変化させてしまうことがあるという点において，知識ベースに比べて一貫性が低いと言わざるを得ない．

KBSは，あくまでもエキスパートシステムという名が暗示するように，限られたドメイン・タスクにしか効力を発揮しない．人間のように，ドメイン・タスクによらず，知的な振舞を発現することは，現状では不可能である．たとえば，人間ならドメインによらない知識，言い換えるならば**常識**が問題解決で主要な役割を果たす局面がある．しかしながら，常識機構のKBSへの付与は極めて困難である．エキスパートシステムはドメインを限定したからこそ，成功を収め有用性を主張することができたのである．

人間の特徴である，**融通性**，**柔軟性**，**適応性**，**創造性**などは，現行のKBSでは容易に見出せないものであり，その意味において一層の技術革新が望まれるところである．

4.2 知識処理の3フェーズ

KBSでの知識処理における基本的なフェーズは3つあり，**知識表現**（knowledge representation），**知識利用**（knowledge utilization），**知識獲得**（knowledge acquisition）である．

第一に，知識表現とは問題解決のための対象領域を記述する形式的表現のことを言う．知識表現への要件として，

□ 対象世界の表現能力が高いこと

□ 知識の記述性，および可読性の良いこと（人間から見て）

がある．代表的な知識表現として，**プロダクションルール**，**セマンティックネット**，**フレーム**，**形式論理**などがあり，これらについては後で説明する．

第二の知識利用とは，表現された知識を用いて問題を解決することであり，推論機構と考えてよい．言うまでもなく，KBS のもつ知識の質と量，および推論方式が，システムの能力を決定づけるものとなる．これまで三段論法を基にした演繹推論が広く用いられてきたが，近年演繹推論の枠組みを越える，帰納推論，アブダクション，仮説推論，類推など，いわゆる高次推論にも研究領域が広がりつつある．なお，推論方式が知識表現と密接な関連を持つことに注意されたい．すなわち，推論方式を考慮せずに，知識表現は考えられないということである．

最後に，知識獲得では，問題解決に必要となる知識の獲得，およびその洗練化（refinement）が中心となる．獲得には帰納的な手法，洗練化には演繹的な手法がしばしば利用される．現段階では，知識獲得支援ツールを用いて，エキスパートからインタビューなどを通して知識を採取し，知識ベース化することが一般的である．しかしながら，大量の知識を獲得することには限界があり，知識獲得が AI システムの一番のボトルネック（知識獲得ボトルネックと呼ばれる）となっている．知識獲得の自動化は，機械学習[2]（machine learning）として AI 研究において一つの大きな流れを形成している．機械学習については 7 章で述べる．

4.3 知識の分類

本節では，KBS で取り扱う知識を対比的に分類し[1]，種々の角度から考察していく．

4.3.1 専門知識と常識

エキスパートシステムなどで利用する専門知識（expert knowledge, expertise）は，エキスパートが問題解決の際に，意識して利用している知識である．問題解決の対象となるドメイン・タスクに強く依存した知識で，通常は別のドメインで利用可能ではない．また，これは非エキスパートにとって理解が容易でないが，ルール形式などで書き易いとも考えられている．

一方，常識（common sense）は，専門知識とは逆で，概してドメイン・タス

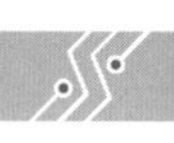

クには独立な知識であり，また我々が日常無意識に使うもので，抽象度の高いものと思われる．この種の知識は捕えどころがなく，書き下して知識ベース化することは容易ではない．常識を用いた推論は，比較的古くから重要性が指摘されてきたが，決定的な手法は提案されておらず，検討が進められている．

なお，専門知識と常識との対比を抽象化して，それぞれ**形式知**と**暗黙知**として対比させることもある．

4.3.2 宣言的知識と手続き的知識

宣言的（declarative）**知識**とは，概念に対する **what** の知識であり，**手続き的**（procedural）**知識**とは，それに対する **how** の知識である．たとえば，「クイックソート」に対して，「実用上最速のソートで，平均計算量は $n \log n$ のオーダである」は宣言的知識であり，「データ列から，あるデータ（ピボット）を選び，ピボットとの大小比較をして 2 つのデータ系列を作り，そして各データ系列に対して再び $\cdots$」は手続き的知識である．

4.3.3 経験的知識と理論的知識

経験的知識とは，ヒューリスティックス（heuristics）と呼ばれるもので，完全に正しいと言う保証はないものの，対象となる問題の大半では成り立つという性質の知識である．人間の専門家は通常，対象となる問題解決において多くの経験を通してこれを体得していく．この知識の特徴として，個人的・非明示的・非論理的・非形式的などが挙げられる．直接問題解決に利用されることも多く，また問題解決の効率化にも寄与する．なお，経験的知識は**浅い知識**と呼ばれることもある．たとえば，診断型のエキスパートシステムで，「$\cdots$ という徴候があれば，$\cdots$ が故障である」という知識は，表面的な因果関係を表す浅い知識である．

理論的（theoretical）**知識**は，その問題領域の背後に存在する数学的，科学的理論である．たとえば，水が内部を流れるパイプからなるプラントの故障診断システムでは，流体理論などが背景理論となる．これまであまり理論的知識が問題解決に直接的に利用されることはなかったが，経験的知識との相互連関を調べることは重要な課題である．浅い知識と対比的に理論的知識を**深い知識**と呼ぶこともある．具体的なものには，対象モデル，因果ネットワーク，定性シミュレーションモデルなどが提案されており，モデルベース推論はこの知識を利用した推論である．

4.3.4　ドメイン知識とタスク知識

ドメイン（domain）知識とは，文字通り問題の領域（ドメイン）固有の知識である．ドメインは，医療，プラント，旅行，経営など無数に存在する．

一方，タスク（task）知識は，問題解決固有の振舞に関する知識である．タスクには，診断，設計，計画，制御などのタイプに分類することが可能である．

エキスパートシステムは，ドメインとタスクの 2 つの軸で特徴づけられる．MYCIN は，ドメインが医療で，タスクが診断であり，XCON は，ドメインがコンピュータシステムで，タスクが計画である．

4.3.5　完全な知識と不完全な知識

まず，完全な（complete）知識とは，常に正しい知識，あるいは対象に関するすべての記述を持つ知識と定義される．逆に，不完全な（incomplete）知識とは，常に正しいとは限らない知識，仮説的な知識，例外を含む知識，不確実な知識，曖昧な知識，欠落のある知識などを総称して用いることが多い．

知識の完全性の観点は，形式論理や推論の性質と密接な関係にある．一階述語論理などの**通常論理**で記述された知識は完全な知識である．不完全な知識の表現は通常論理では不可能なことが指摘され，様々な拡張が試みられている．

また，完全な知識に対する推論は**単調性**（知識が追加されても，前の結論は取り消されない）を有するのに対し，不完全な知識に対する推論は**非単調性**（知識の追加で以前の結論が取り消され得る）を有することが知られている．

4.4　知識表現の概要

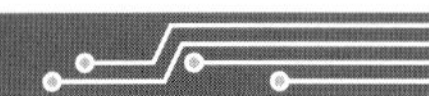

KBS による問題解決に際して，知識ベースに格納すべき知識は第一に，問題解決の対象となる世界に関するものである．すなわち，

□　世界に関連する概念の記述

□　世界に存在するオブジェクトとその属性

□　オブジェクト間の関係

□　概念間の関係

たとえば，問題解決の世界が「鳥」の世界であれば，

□　概念の記述：「鳥は羽をもつ」

□　オブジェクトとその属性：「Tweety（オブジェクト名）は赤い嘴をもつ」

□　オブジェクト間の関係：「Tweety の子供は Sweety である」

□　概念間の関係：「カラスは鳥である」

となろう．これらの事実やルールは，コンピュータで扱い得る何らかの形式的な体系（知識表現言語）で記述され，一階述語論理などがしばしば利用される．

ところで，世界に関する知識だけでは，問題解決器（problem solver）としての KBS は動作せず，**メタ知識**（meta knowledge）と呼ばれるものも必要となる．メタ知識とは，知識に関する知識のことを言い，推論の制御，管理に係わるものである．推論プロセスにおいて，どのような推論を行うか，何を優先して推論するか，どのように推論を進めていくか，などについての知識がメタ知識である．

なお，知識表現は表現形態の違いに従い，**宣言的表現**と**手続き的表現**に分けられる．手続き的表現は，問題解決手順をアルゴリズム的に表現したもので，メタ知識，および世界に関する知識が混然一体となっている．したがって知識は，手続き中に埋め込まれており，明示的には表現されていない．手続き的表現は，モジュール性・拡張性（修正，追加，削除）・移植性に欠けるという難点を持つ．

一方，宣言的表現は，知識を明示的な宣言形式（たとえば，事実やルール）による表現であり，手続き的表現とは相対する特徴を持っている．問題解決においては，宣言的表現による知識ベースと汎用の知識ベース操作モジュールを組み合わせて利用する．エキスパートシステムにおいて，最も一般的に用いられる形態である．

さて，問題解決において，どのような知識内容を表現すべきかは，実際のところ非常に重要な問題である．しかし，一般的な指針はなく，これまではいわば対症療法的にシステム開発を行ってきた．このような開発法への反省から，オントロジー（ontology）と呼ばれる，知識ベースシステムを構築する際に必須となる基本概念と語彙（カテゴリ）を明確化しようとする試みがなされている．

これについては 4.6 節で述べる．

4.5　代表的な知識表現法

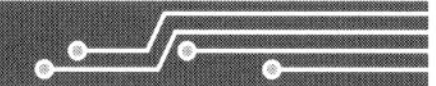

4.5.1　プロダクションルール

プロダクションルール (production rule) は，1973 年に Newell[3] によって人間の心理モデルの一つとして提案されたプロダクションシステム（PS:production system）において用いられた知識表現である．PS は MYCIN を始めとする多くのエキスパートシステムに取り入れられ，ルールベースシステム（rule based system）という総称のもとに AI システムの中核を成している．

図 4.2 に示すように，PS はルールベース（知識ベース），ワーキングメモリ（データベース），インタプリタ（推論エンジン）の 3 つのモジュールから構成されている．

ルールベースは，プロダクションルールと呼ばれる以下の形の

$$\text{IF} \quad C1, C2, C3, \cdots, Cn \quad \text{THEN} \quad A1, A2, A3, \cdots, Am$$

ルールの集合である．$C1, \cdots, Cn$ は条件部ないしは LHS（Left Hand Side），$A1, \cdots, Am$ は行動部ないしは RHS（Right Hand Side）と各々呼ばれている．上の式の解釈は，

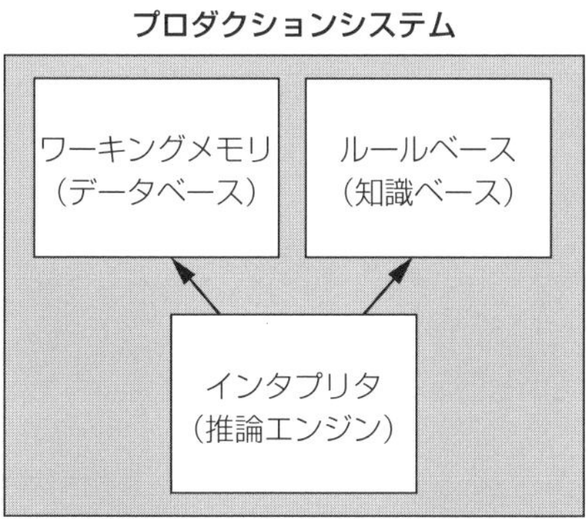

プロダクションシステム

ワーキングメモリ
（データベース）

ルールベース
（知識ベース）

インタプリタ
（推論エンジン）

図 4.2　プロダクションシステム

「$C1, \cdots, Cn$ が同時にワーキングメモリに存在するとき，$A1, \cdots,$
Am の行動を実行せよ」

となる．

インタプリタは次の1）から3）の**認識ー行動サイクル**（recognize-act cycle）を繰り返し，PSを動作させる．

1）マッチング（matching）：

ワーキングメモリの状態とルールベースの各ルールを照合し，適用可能なルールである競合集合（conflict set）を作る．

2）競合解消（conflict resolution）：

競合集合の中から，競合解消戦略に従い，1つのルールを選択する．

3）実行（action）：

選択されたルールに基づき，ワーキングメモリの内容を変更する．

上のサイクルにおいて最も計算コストの掛かる部分はマッチングである．マッチングにおいては，それまでの結果を保存することにより，マッチングを高速化する技法が提案されており，Rete，Treat アルゴリズムが良く知られている．また，競合解消戦略には，最初にマッチしたものを採用するという単純なものやルールの優先順位に従うもの，など様々なものがある．

さて，認識－行動サイクルにおける照合操作に関してルールのLHSに着目する場合とRHSに着目する場合があり，前者を**前向き推論**（forward reasoning），**データ駆動型**（data-driven）**推論**，**ボトムアップ**（bottom-up）**推論**などと呼び，後者を**後向き推論**（backward reasoning），**ゴール駆動型**（goal-driven）**推論**，**トップダウン**（top-down）**推論**などと呼ぶ．また，両者の併用を**双方向推論**という．

PSの利点として，1）システムの構造が簡明である，2）ルールベースのモジュール性がよく，その可読性・拡張性がよい，3）説明機能（システムがユーザに推論過程を説明できる）を持たせやすい，などが指摘され，反対に欠点として，1）知識の一貫性が低い，2）ルールの相互作用が不明瞭である，3）推論の柔軟性と効率が悪い，などが挙げられる．

PSは80年代以後，エキスパートシステムのコア・アーキテクチャとして広く普及し，エキスパートシステム開発支援ツールとして，OPS5，OPS83 などの PS ベースのシステムが商用化された．

4.5.2 セマンティックネット

セマンティックネット（semantic net）は，Quillian[4] によって人間の連想能力などに関する心理学的見地から提案された．セマンティックネットによる知識表現では，オブジェクトや概念を表すノード，およびそれらの間の関係を表す有向リンクからなるグラフ構造により表現される．

以下に代表的なリンクについて，簡単な例を挙げて説明しよう．「スズメは鳥である」という知識を表現するにはまず，“スズメ”“鳥” という 2 つの概念がノードとなる．次に，スズメと鳥の関係を記述しなければならないが，スズメは鳥の一種であるので，“スズメ” ノードから “鳥” ノードに，IS-A，あるいは AKO リンクなるものを張る．**IS-A** 関係は，包含関係（スズメは鳥に含まれる）を示すもので，この意味から**上位下位関係**，または**抽象具体関係**とも呼ばれる．この表記は，英語による “Sparrow（スズメ）IS A Bird”，“Sparrow is A Kind Of Birds” という表現に由来している．

次に「鳥は羽を持つ」という知識を加えた場合を考えてみよう．これは先ほどの例とは異なり，ノード “鳥”“羽” の関係は，羽は鳥の一部であるから，**部分全体**を示すものとなる．この場合は **HAS-A**（Bird HAS A feather），あるいは **PART-OF**（Feather is a PART OF a bird）リンクを張る．ただし，HAS-A リンクなら “鳥” ノードから “羽” ノードに向けてリンクを張り，PART-OF リンクなら HAS-A の逆向きにリンクを張る．

セマンティックネットにおけるその他のリンクとして，色・数・動作・状態など種々のものが考えられ，概念間あるいはオブジェクト間の関係を示すものであれば，どんなものでもリンクになり得る．リンクをたどることにより概念相互の連想ができる．

「鳥は羽をもつ」	「鳥は飛ぶ」
「鳥は 2 本の足をもつ」	「カラスは鳥である」
「カラスは黒い」	「スズメは鳥である」
「Tweety は赤い嘴をもつ」	「Tweety の子供は Sweety である」

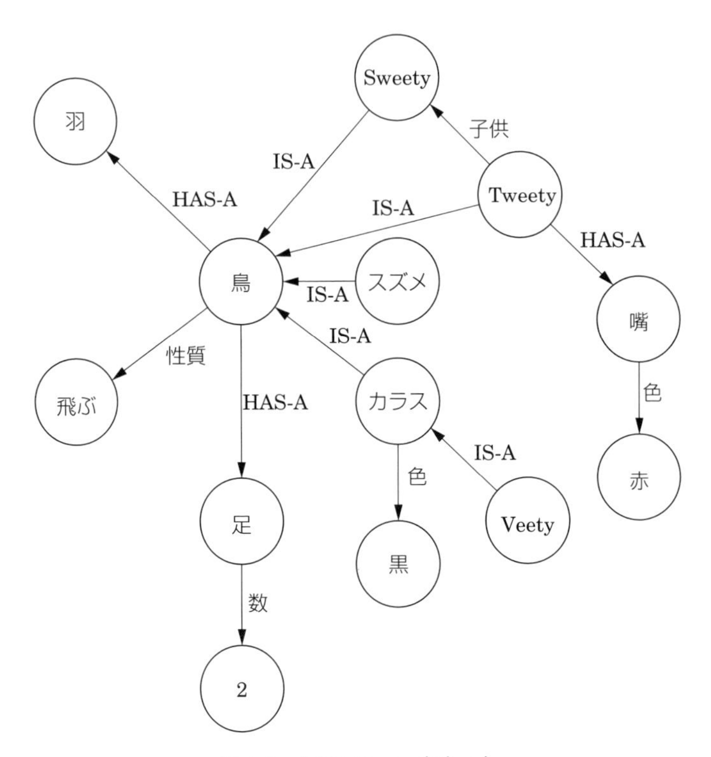

図 4.3 セマンティックネット

「Tweety と Sweety は鳥である」「Veety はカラスである」

という知識集合をセマンティックネットで表すと図 4.3 になる．

セマンティックネットの推論は，質問を表す部分グラフを構成し，セマンティックネットとマッチングすることにより行われる．たとえば，「赤い嘴を持つ鳥は？」という質問に対しては，グラフマッチングにより直接的にヒットするものがあるため，「Tweety」ということが推論される．しかし，「Veety は飛ぶか？」に対しては，直接マッチングできないが，IS-A リンクの推移性を考慮して，Veety →カラス→鳥というリンクをたどり，「飛ぶ」という結論に達する．このような性質は，**属性継承**（inheritance）と呼ばれている．

最後にセマンティックネットの特徴をまとめる．まず，利点として，1）表現がシンプルで可読性がよい，2）連想がある程度可能である，3）属性継承が可能である，が挙げられ，一方，欠点として，1）推論手続き（インタプリタ）を個別に作成しなければならない，2）推論の妥当性が保証されない，3）大規模化に伴い処理効率が低下する，などが考えられる．

4.5.3 フレームシステム

Minsky[5)]は 1975 年，“A Framework for Representing Knowledge” という論文で**フレーム理論**（frame theory）を提案した．フレーム理論の概念を簡単に述べると以下のようになる．人間は新しい場面に遭遇したとき，フレームと呼ばれる基本構造を記憶の中から一つ選択する．これは一つの定型的な枠組であり，各フレームには各種の情報が含まれている．その情報の一つをさらに詳細に調べたいときには，それを示す別のフレームが選択される．よって一つのフレームは，複数のノードと関係で構成されるネットワークと考えることができる．

Minsky の提案はあくまでも認知心理学的モデルとしてであり，知識表現法として考えられたものではなかった．フレームを知識表現システムとして具体化したものに，Goldstein ら[6)]によって開発された **FRL**（frame representation language）がある．フレームシステムの多くは FRL を基礎とするもので，1 つのオブジェクトや概念に関してまとめたものをフレームとし，関連あるフレーム同士の関係を表すリンクで接続して階層的に構造化している．

以下に，フレームシステムのシンタクスを示す．

フレーム ::= フレーム名　フレーム型　スロット $^+$
（$^+$ は 1 回以上の出現を表す）
フレーム型 ::= ‘インスタンス’ | ‘クラス’
スロット ::= スロット名　ファセット $^+$
ファセット ::= ファセット名　値 | デーモン　手続き名
ファセット名 ::= ‘value’ | ‘default’
デーモン ::= ‘If-Added’ | ‘If-Needed’ | ‘If-Removed’
値 ::= 数字 | 文字列
フレーム名 | スロット名 | 手続き名 ::= 文字列

フレームの基本構造は，フレーム名，フレーム型，そしてスロットの集合からできている．フレーム名がオブジェクトや概念に相当し，セマンティックネットのノードに等しい．フレーム型は，そのフレームが概念を表すときクラス，オブジェクトを表すときインスタンスとなる．スロットは，スロット名とファセットで構成され，スロット名は対象の属性名や他の対象との関係名を表す．ファセットには，それらの値に関する種々の情報を，さらにファセット名とファセット値の組で記述する．ファセット名には対応するファセット値の役割が記述される．いま，スロット名が属性名であり，かつファセット名が value である場合，ファセット値には属性値が記述される．また，ファセット名が default のときには，default 値が属性値になりうる．次にスロット名が関係名である場合には，関係づけられている他のフレーム名が値となる．

また，フレームシステムの特徴として，フレーム内部にデーモン（demon）と呼ばれる手続きが記述可能なことが挙げられる．デーモンとは，ある条件が満たされたときに限って，駆動される手続きである．具体的には，ファセット名に If-Needed，If-Added，If-Removed などがあるときにはそれぞれ，ファセット値が参照されたとき，ファセット値が書き加えられたとき，ファセット値が削除されたとき，ファセット値とし記述された手続き名のデーモンが駆動されることを意味する．このことにより宣言的知識と手続き的知識を混在させることができ，このことがフレームシステムの一番の特徴と考えてよい．図 4.4 にフレームの例を挙げる．

図 4.4 の知識ベースを用いた推論には以下のものが考えられる．

□ 「カラスの足の数は？」という質問に対して，“カラス” フレームにはその記述がないため，上位フレーム（IS-A リンクで結ばれている）“鳥” フレームの記述を探索し，そこに “足の数” の記述があり，しかも default 値であるため，「2」と答えることができる．このような動作を，セマンティックネットの場合と同様に**属性継承**と呼ぶ．

□ “Tweety” フレームの “誕生日” スロットのファセット値が書き加えられたときに，年齢を計算する calc-age が駆動される．

□ 「Tweety の体重は？」という質問があれば，上位概念の “鳥” フレーム

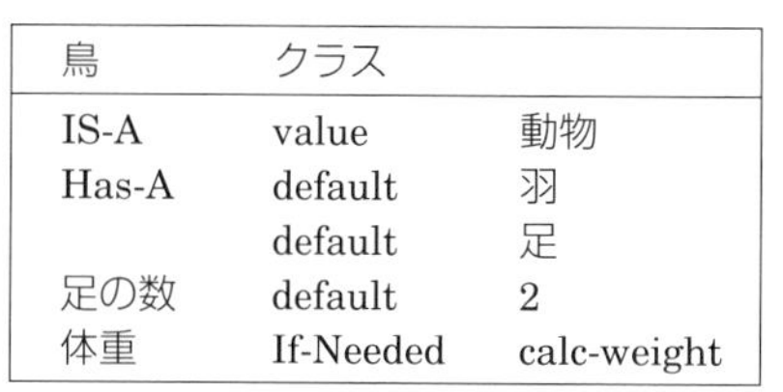

鳥	クラス	
IS-A	value	動物
Has-A	default	羽
	default	足
足の数	default	2
体重	If-Needed	calc-weight

カラス	クラス	
IS-A	value	鳥
体色	default	黒色

Tweety	インスタンス	
IS-A	value	鳥
Has-A	value	嘴
嘴の色	value	赤色
子供	value	Sweety
誕生日	value	1990.1.1
	If-Added	calc-age

図 4.4 フレーム

の“体重”スロットのデーモン calc-weight により体重を求める．たとえば，体長から体重を求めるなどの処理が考えられる．

フレームシステムの推論に，定型的なものは存在しないため，個々のシステムに対して推論機構である**フレームインタプリタ**を設計する必要がある．このインタプリタの中心的役割は，属性継承の管理，デーモンの駆動，およびメッセージパッシングである．フレームシステムは，データベース・ソフトウェア工学の分野における**オブジェクト指向**の考えと極めて類似したものである．

フレームシステムの利点は，1）知識を構造化できる，2）手続きの付加により柔軟な推論が可能である，3）階層表現，属性継承ができる，が挙げられ，欠点としては，1）インタプリタの構築が容易でない，2）推論の妥当性が保証されない，3）知識間の整合性を取りにくい，などが考えられる．

4.5.4 論　　理

形式論理（formal logic）は，知識表現において有力な手段であり，また最も一般的に用いられるものである．本節では，一階述語論理について簡単に触れ，そして次節で論理プログラミングに言及する．AI のコンテキストでの形式論理の成書[7), 8)]も多いので，興味のある読者は参照されたい．

まず，一階述語言語は，

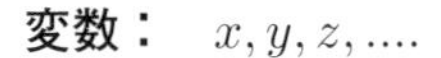

変数： $x, y, z, ...$

定数： $A, B, C, ...$

関数記号： $f, g, ...$

述語記号： $P, Q, ...$

演算子： $\neg$（否定），$\wedge$（連言），$\vee$（選言），$\rightarrow$（含意），$\forall$（全称限定），$\exists$（存在限定）

から構成される．これらからシンタクスに従って生成される記述が論理式である．一方，セマンティクスは以下の写像によって論理式の真理値を与えるもの（解釈と呼ばれる）である．対象とする世界の定義域を D とすると，n 引数関数は $D^n \rightarrow D$ の写像で，同じく n 引数述語は $D^n \rightarrow \{$ 真（T），偽（F）$\}$ の写像となる．さらに，演算子を含む論理式の真理値も表 4.1 のように定義される．

自然言語や数学上の言語の大半は一階述語を用いて記述できる．これまでに挙げた例を含めて種々の言明を一階言語で書いてみると表 4.2 のようになる．言うまでもなく，論理を用いた場合の知識表現は，論理式によってなされる．

一階述語論理の推論規則は，基本的に **Modus Ponens**（モーダス・ポーネンス），すなわち

P かつ $P \rightarrow Q$ から Q を推論する

という形式を取り，実は演繹推論に相当する．よって

「カラスは黒い」：$\forall x \; Raven(x) \rightarrow Black(x)$

「Veety はカラスである」：$Raven(Veety)$

から「Veety は黒い」：$Black(Veety)$ を演繹的に導くことができる．

表 4.1 真理値表

P	Q	$\neg P$	$P \wedge Q$	$P \vee Q$	$P \rightarrow Q$
T	T	F	T	T	T
T	F	F	F	T	F
F	T	T	F	T	T
F	F	T	F	F	T

表 4.2 自然言語文と述語論理式

自然言語文	述語論理式
「鳥は羽をもつ」	$\forall x\ Bird(x) \rightarrow Has\text{-}Feather(x)$
「鳥は飛ぶ」	$\forall x\ Bird(x) \rightarrow Fly(x)$
「鳥は 2 本の足をもつ」	$\forall x\ Bird(x) \rightarrow No\text{-}of\text{-}leg(x, 2)$
「カラスは鳥である」	$\forall x\ Raven(x) \rightarrow Bird(x)$
「カラスは黒い」	$\forall x\ Raven(x) \rightarrow Black(x)$
「Tweety は赤い嘴をもつ」	$Beak(Tweety, Red)$
「Tweety の子供は Sweety である」	$Child(Tweety, Sweety)$
「Veety はカラスである」	$Raven(Veety)$
「怪我した鳥は飛べない」	$\forall x\ Bird(x) \wedge Injured(x) \rightarrow \neg Fly(x)$
「誰かが誰かを愛してる」	$\forall x \exists y\ Loves(x, y)$
「誰もが，ある（特定の）人を愛してる」	$\exists y \forall x\ Loves(x, y)$

それでは，論理による知識表現を用いた知識システムはどのようになるのであろうか．以下に概略を示そう．

1. 問題解決の対象となる領域についての情報を一階論理式の有限集合（以降，K と書く）で表す．
2. 問題解決に際して式 p（質問に答えたり，適当な行動を取ることを表すものとする）が式集合 K より推論規則 Modus Ponens を用いて導き出されるか（$K \vdash p$ と書く）か否かを調べる．

ここで，注意すべきことは，K より p が導き出されること（$K \vdash p$）が，p が K の**論理的帰結**（logical consequence）であることに等しいことである．式 p が K の論理的帰結であるとは，K の全ての論理式を真とする解釈の下で，p もまた真となるということである．

K, p は各々**公理**，**定理**と呼ばれ，$K \vdash p$ かどうかを調べることを**定理証明**（theorem proving）という．定理証明は AI 研究初期のころから延々と続いているテーマの一つである．実際には $K \vdash p$ を直接調べるのではなく，推論の効率を勘案し**反駁法**（**背理法**）を用いて，$K \cup \{\neg p\} \vdash \Box$（矛盾）となるかを調べることになる．コンピュータによる定理証明では，**導出原理**（resolution principle）に基づく反駁法が用いられるのが常である．

論理による知識表現の特徴を述べる．まず利点は，1）知識表現と推論手法を区別する必要がない，2）健全性（偽である論理式は導かれない）と完全性（真

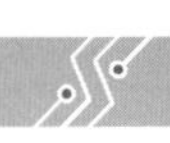

である論理式は必ず導かれる）を持つ，3）理論的に整備されている，などである．一方，1）導出に要する労力が大きい，2）階層的な表現が困難である，などが欠点として挙げられる．

4.5.5 論理プログラミング

前節で述べた定理証明は問題解決の一パターンであると考えられるので，論理式集合 K をプログラムと見なすと，新しいプログラミング・パラダイムが出現する．このような思想に基づくプログラミングは，**論理プログラミング**（logic programming）[9] と呼ばれ，ヨーロッパで産まれ育った **PROLOG** はその代表的な言語である．さらに，日本の第5世代コンピュータプロジェクトにおいても論理プログラミングは重要な地位を占めた．

PROLOG は一階述語論理の真部分集合をベースにしているため，論理式で知識表現する利点を多く継承しており，特に宣言的な表現が可能であることが，他の手続き型プログラミング言語（C 言語など）と大きく異なる点である．たとえば，ソーティングのプログラムを書くにしても，データ間（リストなど）の関係を定義するだけでよく，後は推論機構に当たる探索によって解を求めることができ，手続き型のようにあらゆるステップをこと細かに記述する必要はない．その意味で，PROLOG は “What” を記述するプログラムと思って差し支えなく，AI 分野の諸問題を記述する際の親和性も良い．

さて，PROLOG では，論理式の形式を**ホーン節**（Horn clause）と呼ばれるものに限定する．ちなみに，一階述語論理での節（一般節とも呼ぶ）とは，正のリテラル（アトム）か負のリテラル（アトムの否定）の選言を指す．ホーン節とは正のリテラルが高々1回しか出現しない節である．一階述語論理に比べると若干，表現能力は低くなるものの，効率面では随分向上を図ることができる．PROLOG では以下に示す事実，ルール，質問を単位節，確定節，ゴール節の3つの節形式で表す．

a） **事実（fact）――――単位節（unit clause）**

［記述形式］**アトム.**

［例］Raven(Veety).　　Veety はカラスである．

Likes(Jim,Betty).　　Jim は Betty が好きだ．

b) ルール（rule）———確定節（definite clause）

［記述形式］**アトム:-アトム 1,･･･, アトム n.**

A:-B_1,B_2,･･･,B_n.　すべての条件 B_i（ボディ）が真のとき，A（ヘッド）も真である．

［例］Black(x):-Raven(x).　カラスは黒い．

Mother(x,y):-Parent(x,y),Female(x).　x が y の親で x が女性のとき x が y の母である．

c) 質問（query）———ゴール節（goal clause）

［記述形式］**:-アトム 1,･･･, アトム n.**

:-B_1,B_2,･･･,B_n.　ゴール B_1,B_2,･･･,B_n が真か?

［例］:-Black(Veety).　Veety は黒いか?

:-Father(x,Jim).　誰 (x) が Jim の父か?

明らかにホーン節とは，ヘッドのアトムの数=0 or 1, ボディのアトムの数=0 or 1 以上の節である．ただし，ヘッド，ボディともに 0 のときは空節 □（empty clause）という．表 4.3 にホーン節それぞれの手続き的意味と宣言的意味を示す．前者は節をプログラムの手続き呼び出しとして解釈したときの意味で，後者は論理式として解釈したときの意味である．

PROLOG の計算は反駁証明である．詳しく言えば，ゴール節のボディを構成するアトムと，単位節あるいは確定節のヘッドとの単一化（unification）による **SLD 導出**を実行する．単一化とは，2 つの述語の字面を一致させる操作である．また，単一化できる節が存在しないとき，1 つ前のゴールに戻り，別の節と単一化を試みるバックトラックが行われる．

表 4.3　手続き的意味と宣言的意味

ホーン節の形式		手続き的意味	宣言的意味
事実	A.	手続き A の定義	A が真
ルール	A:-B_1,B_2,･･･,B_n.	手続き A を実行するために，他の手続き B_1,B_2,･･･,B_n を順次呼び出す	B_1,B_2,･･･,B_n ならば A
質問	:-B_1,B_2,･･･,B_n.	計算の開始	B_1,B_2,･･･,B_n の否定
空節	□	計算の終了	矛盾

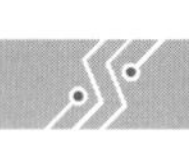

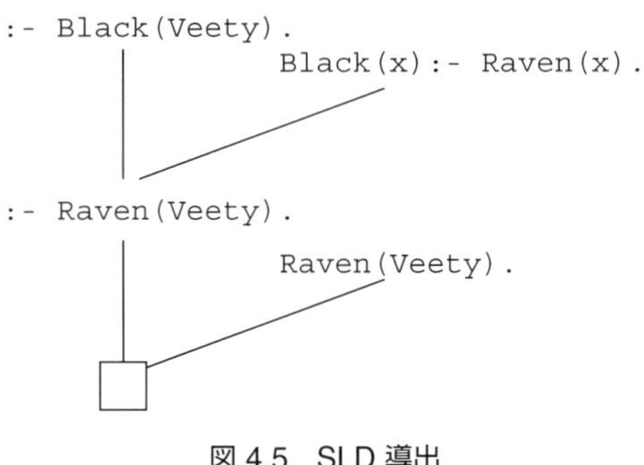

図 4.5 SLD 導出

いま，$K = \{$Black(x) :- Raven(x)., Raven(Veety).$\}$ より $p =$Black(Veety). が導かれる様子を図 4.5 に示す．質問:-Black(Veety). より計算が開始され，単一化（Black(x/Veety)† と Raven(Veety)）が施された後，空節が導かれる．これより，p が K の定理であることが証明されるのである．

4.6 オントロジー

4.6.1 オントロジーの定義・構成要素

オントロジー（ontology）とは，元々，哲学の用語で，存在論，すなわち存在するものの体系的な理論を指していた．人工知能の分野においては，哲学的な背景も考慮して，存在するものに関する共通の概念，性質について記述しようとする試みがオントロジー研究として，1990 年代の終わりから 2000 年初めにかけて開始された．当時，知識ベースシステムの知識表現は，ややもするとアドホックな記述に陥りがちで，システムが異なれば同じ概念を表す記述であっても，記述の元となる語彙が異なることがあった．従って，知識ベースの共有や再利用は難しかった．またその頃，検討が開始された分散 AI（エージェントシステムなど）でも知識の交換，共有をうまく行おうとする試みがあり，知識表現における記述語彙の統一，さらにはその背景に存在する概念体系の明確化,

† 変数 x に定数 Veety が代入されるという意味.

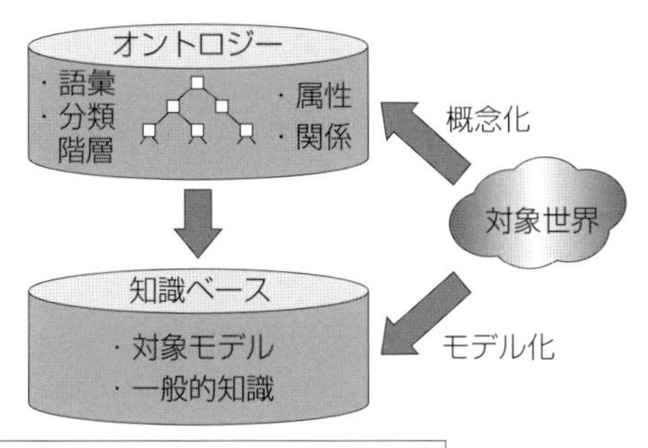

図 4.6 オントロジーを基にした知識ベースシステム

すなわちオントロジーの重要性が認識されるようになった.

オントロジーの定義として Gruber による「概念化の明示的仕様（explicit specification of conceptualization)」が初出のもの[10]である. 概念化とは, 対象世界に存在すると考える実体やそれらの関係を記述することを表す. また, 溝口[11]は「知識表現する主体が, その視点に基づき対象世界を捉え, つまり対象世界には何が存在しているとみなしてモデル化したかを明示化したもので, その結果として得られる基本概念や概念間の関係を土台としてモデルを記述できる概念体系」と定義している.

図 4.6 にオントロジーを基にした知識ベースシステム（知識処理システム）を示す. 知識表現の主体（知識記述を行う人間）は, オントロジーにある概念やその語彙, 関係に基づいて対象世界に関する知識やモデルを表現する. オントロジーを用いた知識表現では, 語彙, データ構造, 知識・モデルの記述制約（メタ知識・メタモデルと呼ばれる), 概念間関係の記述制約などが統一化され, 知識ベース内の一貫性や再利用性, 異種知識ベース間の共有, 相互運用性が確保される. さらに表現された知識の意味を規定することに相当するため, 人間―機械（AI システム), 機械―機械, さらには人間―人間の間の意味共有に貢献し, 異種の知識への変換や統合にも貢献する.

オントロジーの構成要素は, 複数の概念クラス, および複数の概念クラス間の関係が中心であり, これらの意味が明示的に, かつ体系的に記述されたもの

がオントロジーである．関係には，上位下位（IS-A），部分全体（HAS-A），属性関係，公理などが記述に使われる．上位下位関係に基づく概念クラスの階層は，分類階層（taxonomy）と呼ばれ，木構造で表される．

さて，4.5.2節のセマンティックネットを思い出そう．セマンティックネットは，概念のクラスやインスタンスをノードに，関係をリンクにしたグラフ構造による知識表現である．表現の形式において，オントロジーの構成要素の記述と類似性が高く，オントロジー記述に適しているように見える．しかし，オントロジーとは，セマンティックネットや述語論理などの表現形式とは無関係な枠組で，どのような表現形式を使っても，本来，問題はない．オントロジーは，知識の「内容」や「役割」の記述を重視した意味的な枠組[12]であることに注意されたい．

4.6.2　オントロジーの分類

本節では，種々の観点からのオントロジーを分類し，特徴を述べる．

ドメインオントロジー：　問題解決の対象世界，すなわちドメイン（domain）に対するオントロジーを指す．オントロジーの中でも，もっとも実践的，実用的な部分のものと言え，例えば，医療分野のオントロジーはこの典型例である．

タスクオントロジー：　種々のドメインとは独立な問題解決のためのオントロジーを指す．人間が行う知的な問題解決には，「診断」「計画」「設計」などがあり，これらがタスク（task）に相当する．つまり，機械診断，医療診断，企業診断など「機械」「医療」「企業」などのドメインとは独立な「診断」に関するオントロジーがこの典型例である．

上位レベルオントロジー：　対象世界を階層的に記述するときの上位（upper-level）のオントロジーを指す．「もの（物体）」「こと（事象）」「時間」「空間」「状態」などの基本的概念を記述しようとするものである．例えば「診断」タスクの上位レベルオントロジーは，兆候獲得，仮説生成，仮説検証を記述する語彙を定義し，それより下位の「医療診断」タスクのオントロジーは，問診，検査，病名仮説生成，病名仮説検証の語彙を定義する．具体例には，DOLCE（Descriptive Ontology for Linguistic and Cognitive Engineering），YAMATO（Yet Another More Advanced Top-level Ontology）などがある．

言語的オントロジー： 日常使われる言語表現を基に，各語彙（単語）の意味の記述的定義を行うオントロジーである．概念を表す単語と他の単語の集合が対応付けられるとき，そのような概念を語彙的概念（lexical concept）という．また，同じ意味の単語の集合を類義語辞書/シソーラス（thesaurus）という．自然言語処理でよく使われる Word Net はこの典型例で，語彙的オントロジーとも呼ばれている．一方，知識処理システムでのオントロジーは非言語的オントロジーであり，概念に付される名前は単なるラベルという点が言語的オントロジーと異なる．

4.7　セマンティック Web と Linked Open Data

オントロジーの応用としてセマンティック Web（Semantic Web）と Linked Open Data（LOD）について述べる．

まず，Web 文書の記述コードである HTML（Hyper-Text Markup Language）について考えよう．HTML は，Web 文書をブラウザで表示するためのタグ集合であり，表示された文書の意味は人間が理解しなければならない．すなわち，HTML は，文書内の文字列や単語の意味を規定するものではない．これに対して機械（コンピュータ）が Web 文書の意味を理解できるように発展させたものが**セマンティック Web** である．セマンティック Web は，WWW の開発者でもある T. Berners-Lee によって提唱された．Web 空間は，日々拡大を続ける巨大な情報資源であり，これに意味情報を付加することによって大規模な知識源となりうる．セマンティック Web においては，オントロジーが知識の記述，保管，利用，共有に際して重要な役割を果たし，機械による意味的な検索，分析，マイニングを可能にする．

セマンティック Web は，Web 文書の情報（テキストデータなど）に対して，意味処理用のメタデータをタグ付けすることで実現される．RDF（Resource Description Framework）は，意味記述のための枠組を与える．RDF では，**RDF 3 つ組**（triple）と呼ばれる

<主語 (subject), 述語 (predicate), 目的語 (object) >

あるいは

<リソース, プロパティ, プロパティ値>

が記述形式となる．例えば,「馬場口は“人工知能の基礎”の著者である」を RDF で表すと<馬場口，著者である，“人工知能の基礎”>となる．

オントロジーは RDF に規定する主語（リソース）や述語（プロパティ）の語彙を定める．そのための言語には, RDFS オントロジー記述言語 RDFS（Resource Description Framework），OWL（Web Ontology Language）がある．

セマンティック Web 関連で，近年注目されているものに，**Linked Open Data**（**LOD**）がある．LOD は，データが共有され，相互につなぐ仕組みが提供されたデータである Linked Data と，自由に使えて再利用でき，かつ再配布できるようなデータである Open Data の両面を持つデータである．Linked Data はセマンティック Web と同様の考え方であり，Open Data は昨今の政府・自治体の公共データのオープン化（オープンガバメント戦略）と相まって大規模化している．LOD は，大規模化した RDF 3 つ組の集合と捉えることができ，ビッグデータ解析や Web マイニング技術の発展とともに，今後の進展が大いに注目される．なお，オントロジー，セマンティック Web の詳細は，文献[11), 12)]を参考にされたい．

演習問題

(1) プロダクションシステムにおいて推論効率に影響を与える要因を挙げ，その理由を述べよ．

(2) セマンティックネットをフレーム表現，あるいは一階述語論理式に変換する手続きを示せ．

(3) 自分自身に関する知識（の一部）を複数のフレームを用いて表現せよ．

(4) フレーム表現において，上位フレームが複数あるような場合を多重継承（multiple inheritance）と呼ぶ．この場合どのような問題点が生じるか考察せよ．
(5) 一階述語論理上での演繹推論が単調であることを示せ．
(6) PROLOG においてホーン節を対象として SLD 導出を行う場合，一般節を対象とした導出（たとえば，線型導出）より効率が良い理由を述べよ．
(7) オントロジーの効用について述べよ．

文　献

1) 溝口 理一郎，“エキスパートシステム I 入門”，朝倉書店，1993.
2) T. Mitchell, “Machine Learning”, McGraw-Hill, 1997.
3) A. Newell, “Production Systems: Model of Control Structure”, in W. Chase ed., *Visual Information Processing*, Academic Press, 1973.
4) M.R. Quillian, “Semantic Memory”, in M.Minsky ed., *Semantic Information Processing*, MIT Press, 1968.
5) M.Minsky, “A Framework for Representing Knowledge”, in P.H.Winston ed., *The Psychology of Computer Vision*, McGraw-Hill, 1975.
6) R.B. Roberts and I.P. Goldstein, “The FRL Primer”, MIT AI Memo, 1977.
7) C.L.Chang and R.C.T. Lee, “Symbolic Logic and Mechanical Theorem Proving”, Academic Press, 1973. 長尾，辻井訳，「コンピュータによる定理の証明」，日本コンピュータ協会，1983.
8) 長尾 真，淵 一博，“論理と意味”，岩波書店，1983.
9) J.W.Lloyd, “Foundations of Logic Programming (2nd, Extended Edition)”, Springer-Verlag, 1987.
10) T. R. Gruber, “A translation approach to portable ontologies,” Knowledge Acquisition, Vol.5, No.2, pp.199-220, 1993.
11) 溝口理一郎，“オントロジー工学”，オーム社，2005.
12) 來村徳信，“オントロジーの普及と応用”，オーム社，2012.

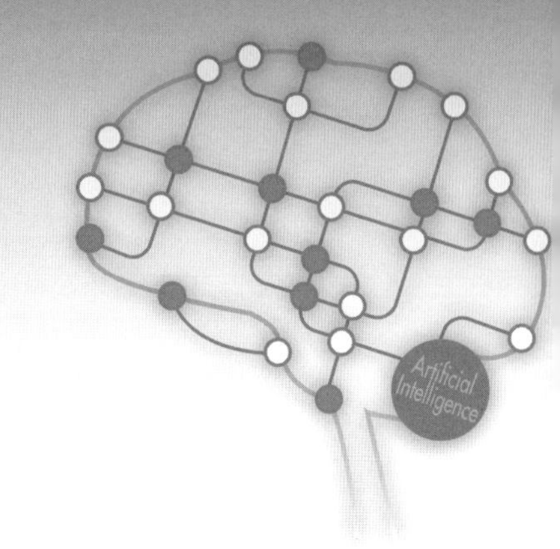

第5章 プランニング

人工知能あるいはロボティクスにおける**プランニング**（planning）とは，「エージェントに与えられた目標を達成するために必要な**行為**（action）の系列を自動生成すること」である．よって，プランニングでは，単なる推論あるいは探索ではなく，推論結果として得られる行為の系列である**プラン**が実世界で実行されることを考慮しなければならない．

本節では，まずSTRIPSに代表される基本的なプランニングについて述べ，次に世界の状態からなる探索空間ではなくプランの探索空間を用いた半順序プランニングについて触れる．そして，実世界でのプランの達成を目指した即応プランニングについて述べる．

5.1 STRIPSプランニング

人工知能におけるプランニングでは，エージェントが行為を実行すべき対象である**環境**（environment）が，計算機上の記号表現である**環境モデル**（environment model）を用いて記述される．実際には，環境を観測したエージェントが，環境の情報を環境モデルで記述すると考える（図5.1）．環境モデルで記述された環境の状態を，本章では，単に**状態**（state）と呼ぶ．なお，環境モデルとしては，一階述語論理が用いられる場合がほとんどである．本節で説明するプランニングの枠組は，スタンフォード大学で1970年代に開発されたプラナーであるSTRIPS[5]が基礎になっているので，本書ではそれを**STRIPSプランニング**と呼ぶことにする．

以下に，STRIPSプランニングの入出力，手続きをまとめて示す．

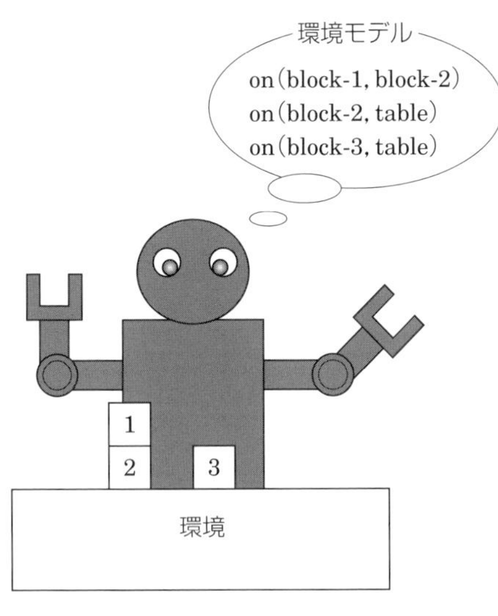

図 5.1 環境モデル

□ **入力**

- **オペレータ（operator）**：環境モデルを変換する規則．環境への行為を記述したものである．
- **初期状態（initial state）**：現在の状態の環境モデル．
- **目標状態（goal state）**：目標である状態の環境モデル．

□ **出力**

- **プラン（plan）**：初期状態を目標状態に変換できるようなオペレータの系列．

□ **手続き**

- 与えられた初期状態を目標状態に変換できるようなプランを探索する．

上の枠組において，プランが得られると，後はそれに従って環境に対して行為を実行していけば，環境においても目標を実現できることになる．また，プラニングにおいて，目標は環境モデルの状態として記述される．

プランの自動生成は，状態をノードとして，状態間の遷移を表すアークを適用

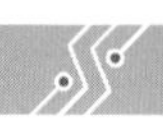

されたオペレータとした探索空間における探索とみなせる．その探索空間を図示したものが図 5.2 である．この探索空間は，状態をノードとすることから**状態探索空間**と呼ばれる．

これに対し，プランを変形していくことにより，半順序プランを求めるプランニングもある．その探索空間はノードがプランであり，アークがプランを修正するオペレータである**プラン探索空間**である．この種のプランニングについては，後述する 5.2 節「**半順序プランニング**」で詳しく述べる．

具体的なプランニングの例として，スタンフォード大学で 1970 年代に開発された STRIPS[5] を紹介する．STRIPS は，部屋の間の移動などを目的とする移動ロボットの行動のプランニングを行うために設計されたプログラムであり，その後今日に至るまで AI のプランニングの基本的枠組として広く研究されている．STRIPS の扱う環境とその環境モデルの例を図 5.3 に示す．プランニン

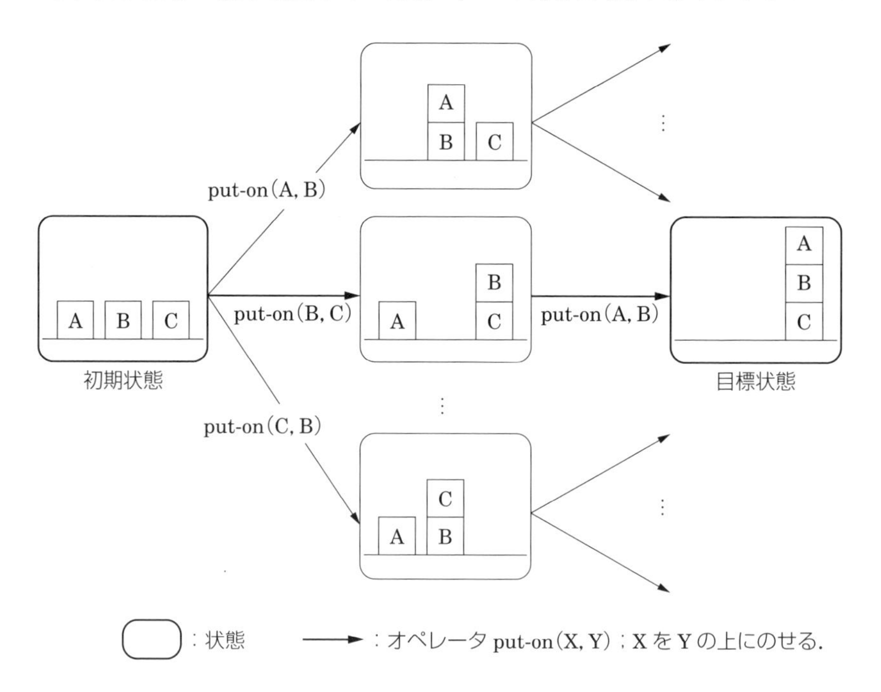

図 5.2　プランニングの状態探索空間

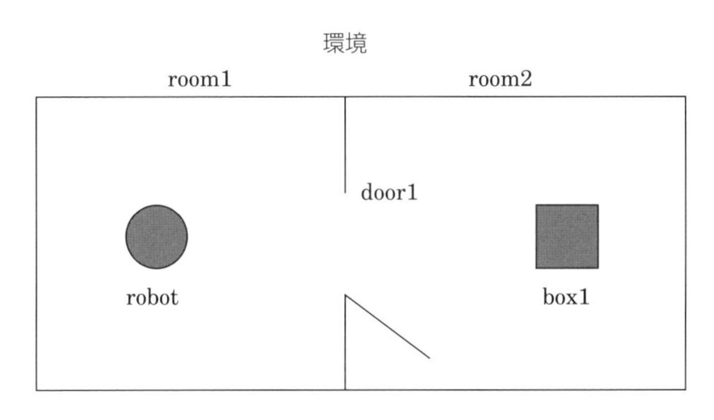

環境モデル

inroom(robot, room1)
inroom(box1, room2)
status(door1, open)
type(box1, object)
connect(room1, room2, door1)
connect(X, Y, Z)→connect(Y, X, Z)

図 5.3　STRIPS の環境と環境モデル

グは，あくまでも計算機上での記号操作なので，このような実環境を計算機の中に環境モデルとして取り込まなければならないが，STRIPS では述語論理を用いて環境モデルを記述する．

ここで，環境モデルのそれぞれの述語の意味を以下に示す．なお，大文字の引数は変数を，小文字の引数は値を表す．

inroom(A, R)：　物体 A が，部屋 R に存在する．

type(A, B)：　A のタイプが，B である．

connect(R1, R2, D)：　2 つの部屋 R1 と R2 がドア D を通してつながっている．また，図 5.3 中の connect(X, Y, Z) → connect(Y, X, Z) は，第 1 引数と第 2 引数が入れ換え可能という意味．

status(D, S)：　ドア D の状態が，S である．S の値としては，open，closed などをとる．

nextto(A, B)：　物体 A が物体 B の近くにある．

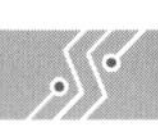

ところで，図 5.3 の見取図が表現している実際の部屋には，どれほどの情報があるのかを考えて欲しい．本来，図のような単純な部屋においても，部屋に存在する物体であるロボット，箱，壁そしてドアのそれぞれについて，その形状，重量，色，大きさ，位置，材質などの膨大な数の情報がある．実世界で行動するエージェントを考えると，エージェントはセンサを通して入力されるそのような膨大な情報から自分に必要なものを取捨選択しなければならない．このような問題は，**フレーム問題**（frame problem）[7)11)] と呼ばれ，一般に解くことは困難である．また，フレーム問題は，実世界とインタラクションを持ち，かつ環境をモデリングする必要のあるシステムには避けれない問題である．

実は，人間でもこのフレーム問題に悩まされることがある．外界からの情報のうち，どの部分に注意すれば正しい判断を下せるのかは，環境に対する知識があるからだが，我々がそのような知識を持っていない環境におかれたときにフレーム問題が生じる．たとえば，人が犬に接する場面を考えよう．このとき，犬のご機嫌の悪いときは，気を付けないと噛まれてしまう．よって，犬という外界から得られる情報から，犬のご機嫌を推論したいわけであるが，尻尾を振っているときはご機嫌が良いというような犬についての知識がない人は，犬のどこを観ればご機嫌が推論できるかがわからない．これは，一種のフレーム問題に陥っていると考えられる．

プランニングの場合，図 5.3 の環境モデルから明らかなように，移動ロボットの目的にとって無関係と思われる膨大な情報は，最初から設計者により捨象されている．このように現在のところ，人工知能に限らず，すべての人工的システムの設計において，そのシステムにとって必要十分であろう情報の枠を人間である設計者が多大な労力をもって考え，システムに与えているのである．

次に STRIPS で用いられるオペレータの一つである **gotod(DX)** を図 5.4 に示す．このオペレータは，「部屋 RX においてドア DX に近付く」という行為を記述している．図中では，述語の右にその意味を書いてある．一つのオペレータは，**条件リスト**，**削除リスト**，そして**追加リスト**の 3 つのリストからなり，それぞれのリストの要素は，環境モデルを記述している述語である．

プラナーは，オペレータを環境モデルに適用することにより，環境モデルの

オペレータ gotod(DX)

- □ 条件リスト
  - − inroom(robot, RX)：ロボットが，部屋 RX にいる.
  - − connect(DX, RX, RY)：ドア DX により部屋 RX と部屋 RY がつながっている.
- □ 削除リスト
  - − nextto(robot, A)：ロボットが，物体 A の近くにいる.
- □ 追加リスト
  - − nextto(robot, DX)：ロボットが，ドア DX の近くにいる.

図 5.4 STRIPS のオペレータ[5)]

状態を更新していく．STRIPS でのオペレータの適用方法は，以下のとおりである．これは，4.5.1 節で説明したプロダクションシステムのルールの適用に似ている．

- □ 条件リスト中のすべての述語が，環境モデルで成り立つか否かを調べる．
  - − もし成り立つなら，環境モデル中の述語のうち，削除リスト中の述語とマッチングするものを環境モデルから取り除き，追加リスト中の述語をすべて環境モデルに追加する．なお，このとき別のリスト中にあっても，同じ名前の変数は同じ値が代入される．
  - − もし成り立たないなら，何もしない．

たとえば，図 5.4 のオペレータ gotod を図 5.3 に適用してみると，gotod の条件リスト中の述語は，すべて図 5.3 の環境モデルで成り立っているので，gotod は適用可能である．このとき，変数 RX，RY，DX には，それぞれ room1，room2，door1 が代入されている．次に，環境モデル中の述語で削除リスト中の述語 nextto(robot, A) とマッチする述語を取り除こうとするが，図 5.3 の環境モデルではマッチするものがないので，何も削除されない．そして，追加リスト中の nextto(robot, door1) が環境モデルに追加される．その結果が図 5.5 であり，環境モデルとそれに対応する環境が変化していることがわかる．この場合，環

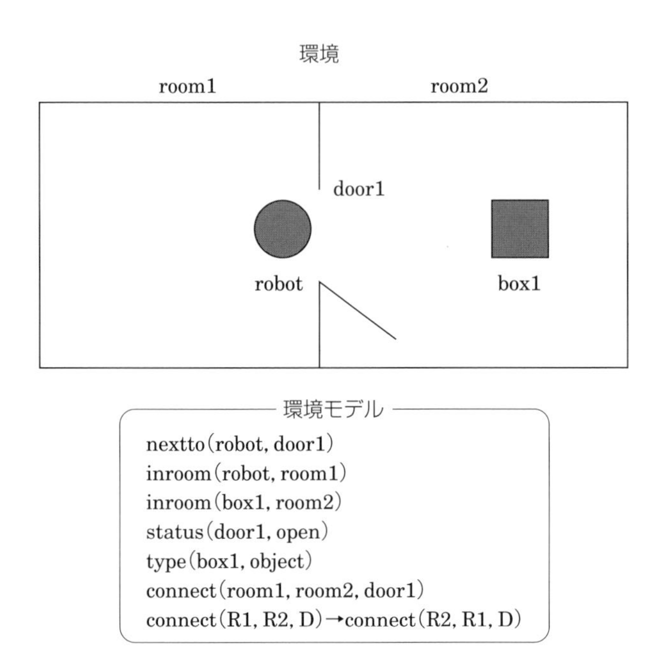

図 5.5　gotod が適用された結果

境モデルは，図 5.3 に nextto(robot, door1) が追加されただけである．

注意して欲しいのは，プランニングの段階では，実環境に行為が行われないので，ここで変化するのは環境モデルであり実環境ではないことである．よって，最終的に得られたプランがアクチュエータにより実行されて，始めて実環境が変化することになる．なお，条件リスト中の述語が，環境モデルで成り立っているか否かのチェックは，定理証明のアルゴリズムである**導出法**（resolution）[9] を用いて，計算機により自動的に行うことが可能である．この導出法による自動定理証明が実現したことが，環境を述語で記述する STRIPS の研究の動機付けになっている．

STRIPS の基本になっている考え方は，**GPS**（General Problem Solver）[8)9] という一般問題解決システムで用いられた**手段目標解析**（means-ends analysis）である．既に，2.3.3 節でも触れたように，手段目標解析では，まず最初に初期状態と目標状態の**差異**（difference）を取り出す．そして，その差異を減少させるようなオペレータを選択する．そして，今度はそのオペレータを適用すること，つまり，そのオペレータの適用条件[†]を満たすことを次の**副目標**（sub-goal）にして，また差異の検出とオペレータ選択を繰り返していく．その結果，差異がなくなったときに，初期状態から目標状態に至るようなオペレータの系列，つまりプランが生成されるわけである．これは，探索方式として**後向き推論**（2.3.1節を参照）をしていることになる[††]．ただし，そのSTRIPSの手続きは，完全性を持たないことが知られている．プランニングにおける**完全性**（completeness）とは，プランが探索空間上にあれば，必ず見つけるという性質を意味する．また，**健全性**（soundness）とは，プラナーによって生成されたプランを実行することにより，必ず目標状態が満たされる性質を意味する．

例として，初期状態が前述の図5.3で，目標状態が図5.6であるような問題を考えよう．図5.6から明らかなように，目標状態もまた，初期状態と同じく環境モデルで与えられる．このとき，初期状態と目標状態の差異は，初期状態で成り立っていない目標状態の述語であるから，nextto(robot, box1)である．STRIPSは，この差異を減少させるオペレータ，つまりその追加リスト中にnextto(robot, box1)を含むオペレータを探す．そして，今度は，そのオペレータの条件リストを副目標として，初期状態との差異の検出，さらにその差異を解消するオペレータの選択を繰り返していき，差異がなくなったときにプランが完成する．オペレータの詳細な記述は割愛するが，たとえば，この問題については，図5.7のようなプランが得られる．

プランニングは，環境の観測を頻繁に行わない．よって，プランニングは，一度観測した状態を初期状態として，それに既与のオペレータをいかに適用していけば目標状態に至ることができるかというエージェント内部の問題空間における探索問題に帰着される．しかし，プランの探索は，非常に多くの計算量を

[†] STRIPSでは，条件リストに対応する．

[††] 厳密には，STRIPSでは，初期状態に適応可能なオペレータがプラン中に現れたときは，適用して状態を更新するという手続きが含まれる．この手続きにより，前向き推論の要素も含むことになる．

環境モデル

- nextto(robot, box1)：目標状態
- inroom(robot, room2)
- inroom(box1, room2)
- status(door1, open)
- type(box1, object)
- connect(room1, room2, door1)
- connect(R1, R2, D)→connect(R2, R1, D)

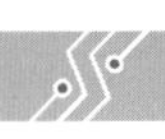

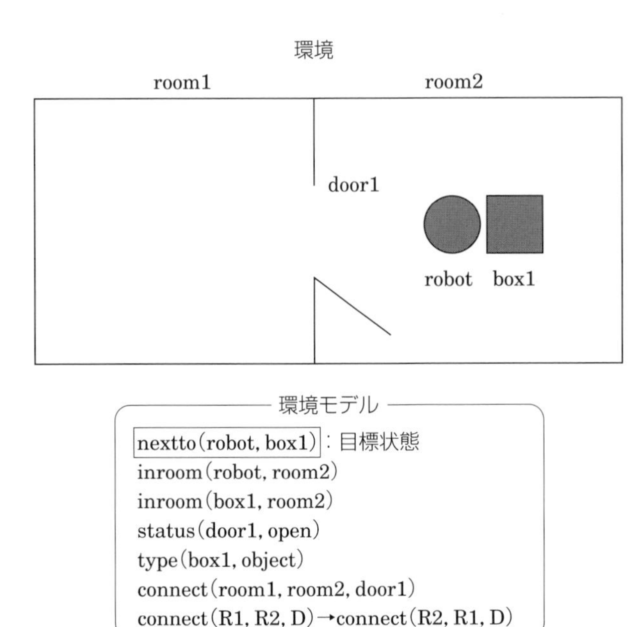

図 5.6　目標状態

1. gotod(door1)：ロボットが，ドア door1 に近づく
2. gothrudr(door1, room2)：ロボットが，ドア door1 を通って，部屋 room2 へ入る．
3. gotob(box1)：ロボットが，物体 box1 に近づく．

図 5.7　得られたプラン

必要とすることが知られており，プランニングが簡単な問題ではないことがわかる．

たとえば，任意の状態に適用可能なオペレータの候補が b 個[†]あるとする．このとき，初期状態から前向きにすべての適用可能なオペレータを適用して，状

† これは，探索木上では，ブランチングファクタ（branching factor）と呼ばれる．

態を展開していくと，木の深さが d のときの状態数 $s(d)$ は，$s(d) = b^d$ であり，深さ d の指数オーダとなる．たとえば，$b = 8$，$d = 10$ とする†と，状態数は $s(d) = 8^{10} =$ 約 10 億 にもなってしまう．この広い探索空間を網羅的に探索することは，計算機を用いても多くの時間を要することが理解できるだろう．

5.2 半順序プランニング

STRIPS プランニングにおいて，プランとは，オペレータの系列であり，そこではプランを構成するオペレータ間に全順序関係（total order）が成り立っていた．しかし，このようなプランの表現は必ずしもよいものではない．たとえば，図 5.8（a）のような問題の場合，オペレータ put-on(b, a) と put-on(c, d) は，互いに干渉しないのでその順序をプラン生成の時点で決める必要はない††．よって，図 5.8（a）のプランは，STRIPS プランニングが求める全順序のプラン（図 5.8（b））ではなく，図 5.8（c）のような半順序関係を残したグラフで表す方が，記述としてコンパクトになる．このようなプランを**半順序プラン**（partial order plan）といい，半順序プランを求めるプランニングは，**半順序プランニング**（partial order planning）と呼ばれる．半順序プランニングでは，STRIPS プランニングとは異なり，探索空間がプランをノードとするプラン探索空間である．

半順序プランは全順序プランより若干複雑で，以下の要素から構成される．

- □ **プランステップ：**プラン中の個々のオペレータに付けられるインデックスの集合．半順序プランなので，単にプラン中で前から n 番目のオペレータというラベルでは同定できないために，プランステップが使われる．
- □ **因果リンク：**プラン中で，プランステップ S が，プランステップ W の条件部のリテラル P を追加するとき，その因果リンクを $S \xrightarrow{P} W$ と記述する．図 5.8（c）は，この因果リンクに相当する．

† この程度の問題は，簡単につくることができる．

†† プランを逐次的にしか実行できない場合は，プランの実行時にオペレータの全順序関係を決める必要がある．

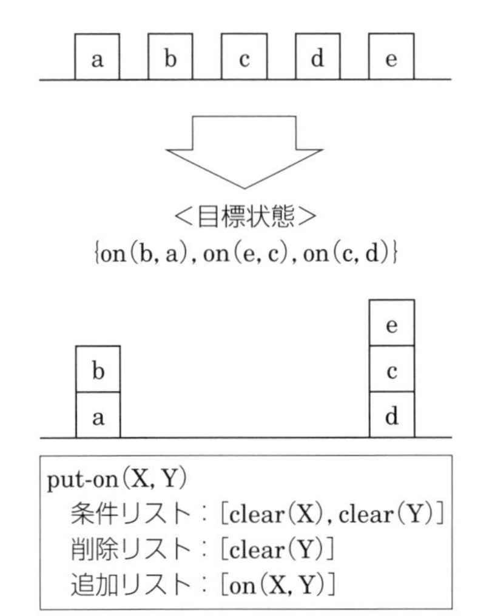

(a) 独立に解ける問題

[put-on(b, a), put-on(c, d), put-on(e, c)]
[put-on(c, d), put-on(b, a), put-on(e, c)]
[put-on(c, d), put-on(e, c), put-on(b, a)]

(b) 全順序プラン

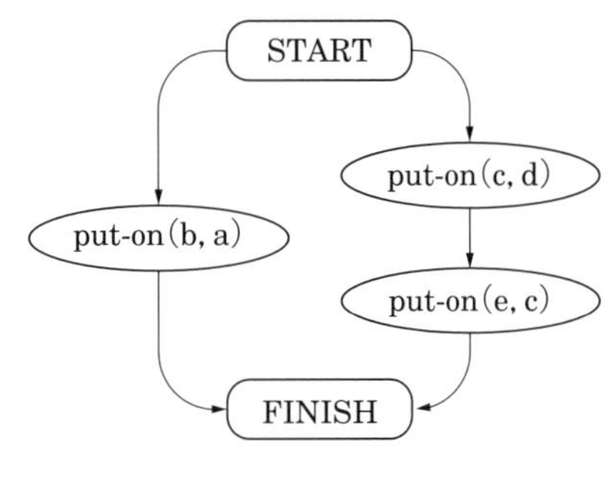

(c) 半順序プラン(因果リンク)

図 5.8　半順序プラン

□ **順序制約：**プランステップ S は，プランステップ W よりも先に実行される必要があるという制約を，$S \prec W$ と記述する．以降，単に「ステップ」と呼ぶこともある．

さらに，半順序プランニングのアルゴリズムに必要な概念を以下に示す．

□ **脅威ステップ (thread)：**因果リンク $S \xrightarrow{P} W$ に対し，プランステップ S または W 以外のステップであり，P を削除するステップ V を $S \xrightarrow{P} W$ に対する脅威ステップと呼ぶ．当然，脅威ステップが，プラン中でステップ S と W の間にあると，W が適用できなくなる．それを避けるために，順序制約 $V \prec S$，または $W \prec V$ が必要になる．

□ **完全なプラン：**プラン中のすべてのステップの前提条件が，他のステップにより達成されるようなプラン．ステップ S のある前提条件 c が，ステップ W により追加されており，他のステップにより削除されていないとき，「ステップ W はステップ S の条件 c を達成する」という．

- □ **無矛盾なプラン：**順序制約に矛盾のないプラン．たとえば，$S \prec W$ と $W \prec S$ は矛盾し，$S \prec Q$，$Q \prec W$ と $W \prec S$ は矛盾する．

次に，半順序プランニング[6)] の入出力を下に示す．

- □ **入力：**STRIPS と同様のオペレータ，初期状態，目標状態．
- □ **出力：**完全で無矛盾な半順序プラン．

ここで，注意して欲しいのは，半順序プランニングの出力である完全で無矛盾なプランのすべてのプランステップを使って，順序制約，因果リンクを満たすように作られた全順序プランは，STRIPS プランニングの解になっていることである．よって，完全で無矛盾な半順序プランは，STRIPS プランニングの解の抽象的表現になっている．

次に，半順序プランニングの手続きを以下に示す．

1. START ステップと FINISH ステップからなる初期ステップ集合でプラン PLAN を初期化する．START ステップは，初期状態を追加リストとし，条件，削除リストが空であるオペレータである．また，FINISH ステップは，目標状態を条件リストとし，追加，削除リストが空であるオペレータである．
2. 因果リンク集合 CLINK と順序制約 ORDER を空集合で初期化．
3. PLAN が完全で無矛盾なら，半順序プラン (PLAN, ORDER, CLINK) を出力して停止．
4. PLAN から，ステップ S_{na} の達成されていない条件リテラル c を決定．
5. オペレータ集合，あるいは，PLAN 中のステップから，条件リテラル c を追加できるステップ S_{add} を選択する．
   (a) もし S_{add} がなければ，失敗．
   (b) $S_{add} \xrightarrow{c} S_{na}$ を CLINK に追加．
   (c) $S_{add} \prec S_{na}$ を ORDER に追加．
   (d) もし S_{add} がオペレータ集合から得られたステップなら以下を行う．
      i. S_{add} を PLAN に追加．
      ii. START $\prec S_{add}$，$S_{add} \prec$FINISH を ORDER に追加．

6. CLINK 中の $S_i \xrightarrow{c} S_j$ の脅威ステップ S_{threat} それぞれについて，下の処理を行う．
    (a) 以下の 2 つを選択して行う．
        i. $S_{threat} \prec S_i$ を ORDER に追加．
        ii. $S_j \prec S_{threat}$ を ORDER に追加．
    (b) もし半順序プラン（PLAN，ORDER，CLINK）が矛盾していれば，失敗．
7. 3 へ．

なお，上記の手続きの失敗でバックトラックが起こり，そのとき選択の箇所がバックトラックの対象となる．基本的に，上のアルゴリズムは，目標状態から後向き探索を行っている．また，コストのかかる全順序プランへの展開をしないため，効率がよい．

上記の手続きにより，図 5.8（a）のプランニング問題を解いてみよう．ここでは，縦型探索を行うとする．説明を簡単にするため，探索の試行錯誤の部分は省略して，解への道筋のみを示す．つまり，実際はもっと多くの試行錯誤を繰り返すことになる．

まず最初に，Step 1 と Step 2 において，図 5.9 のような初期プランがつくられる．この図では，ノードがプランステップを表し，ノード内のゴシック体はプランステップ名を，その上のリテラルが条件リテラルを，下のリテラルがその追加リテラル及び削除リテラル（del() で記述）である．ここで，条件リテラ

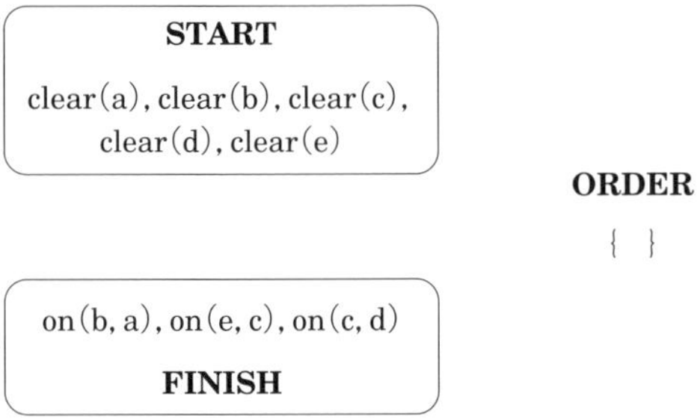

START
clear(a), clear(b), clear(c),
clear(d), clear(e)

ORDER
{ }

on(b, a), on(e, c), on(c, d)
FINISH

図 5.9 初期プラン

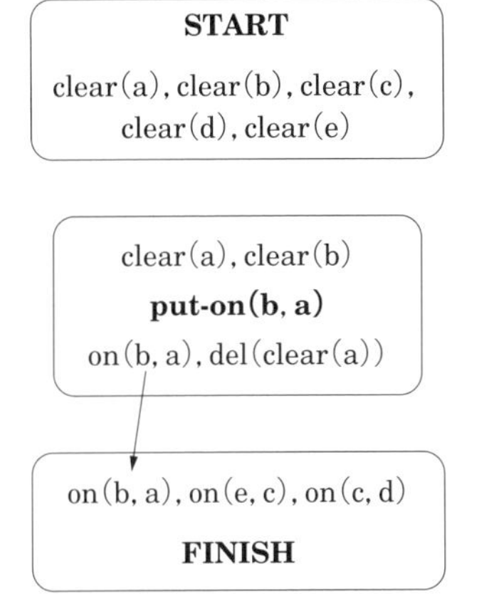

ORDER

START $\prec$ put-on(b, a)
put-on(b, a) $\prec$ FINISH

図 5.10　半順序プラン 1

ル，追加リテラル，削除リテラルとは，それぞれ条件リスト，追加リスト，削除リスト中の述語を意味する．また，順序制約 ORDER は，プランの横に書かれている．

次に，Step 4 で，FINISH の on(b, a) が決定され，Step 5 でそれを追加できるオペレータ put-on(b, a) が選択される．そして，因果リンク put-on(b, a) $\xrightarrow{\text{clear(c)}}$ FINISH と 順序制約 put-on(b, a)$\prec$FINISH が CLINK と ORDER に追加される（Step 5 の (b)，(c)）．また，put-on(b, a) はオペレータ集合から得られたステップなので，プランに付け加えられる（Step 5）．それに伴い，順序制約 START$\prec$put-on(b, a) と put-on(b, a)$\prec$ FINISH も加わる．ただし，put-on(b, a)$\prec$ FINISH は既に ORDER に存在するので，重複して追加はしない．その結果，プランは，図 5.10 のようになる．なお，図では，因果リンクはリテラル間の矢印で示されており，ステップ W の追加リテラル L とステップ S の条件リテラル L を結ぶ矢印は，因果リンク $W \xrightarrow{\text{L}} S$ を意味する．そして，この時点で脅威ステップは存在しないので，処理は Step 3 に戻る．

つづいて，put-on(b, a) の条件リテラル clear(a) が，Step 4 で決定される．そして，既にプランに存在するステップ START が追加リテラル clear(a) を持つので，START が Step 5 で S_{add} として選択される．Step 5 の (b)(c) で因果

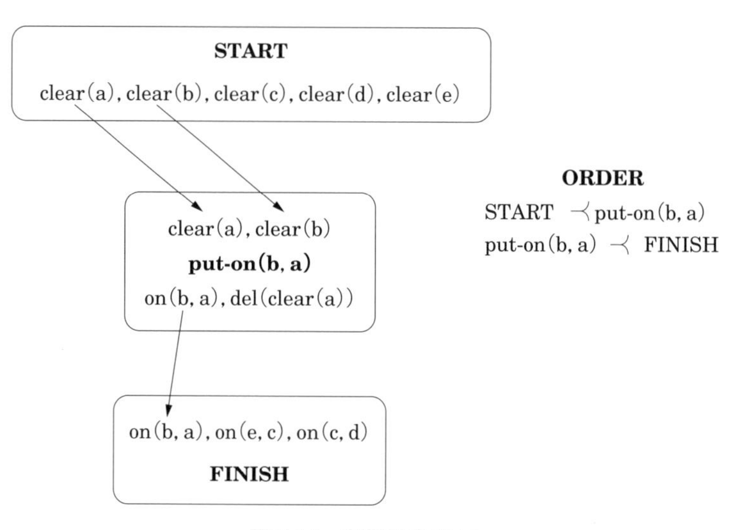

図 5.11　半順序プラン 2

リンク $\text{START} \overset{\text{clear(a)}}{\longrightarrow} \text{put-on(b, a)}$ と順序制約 START≺put-on(b, a) が追加される．そして，脅威ステップがないので，処理が Step 3 に戻る．ただし，ここでも順序制約 START≺put-on(b, a) は既に存在しているので，ORDER に重複して追加はしない．さらに，Step 4 で，put-on(b, a) の条件リテラル clear(b) が決定され，同様の処理が行われる．その結果，得られたプランは図 5.11 のようになる．これで，put-on(b, a) のすべての条件リテラルは達成されたことになる．

次は，FINISH の条件リテラル on(e, c) が Step 4 で決定され，S_{add} としてオペレータ put-on(e, c) が選択される．先の put-on(b, a) の処理と同様に，put-on(e, c) の条件リテラル clear(e) と clear(c) が START により達成され，その結果プランは，図 5.12 のようになる．

残る FINISH の on(c, d) が Step 4 で決定され，これを満たすために S_{add} としてオペレータ put-on(c, d) が選択される．因果リンクと順序制約の追加の後，次のループに進む．ここまでの処理では，脅威ステップはないので，Step 6 の処理は行われない．

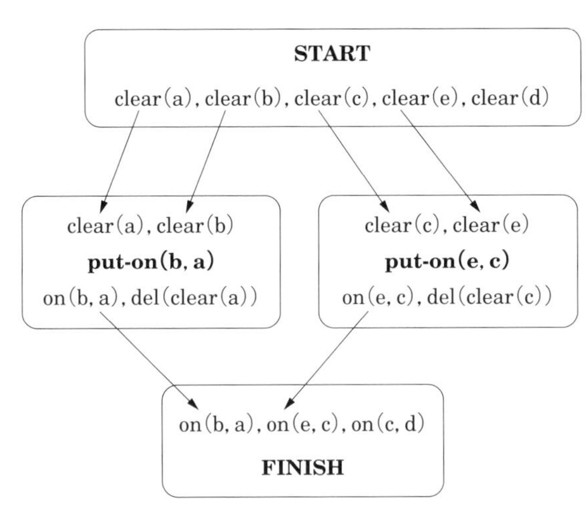

ORDER

START $\prec$ put-on(b, a)
put-on(b, a) $\prec$ FINISH
START $\prec$ put-on(e, c)
put-on(e, c) $\prec$ FINISH

図 5.12　半順序プラン 3

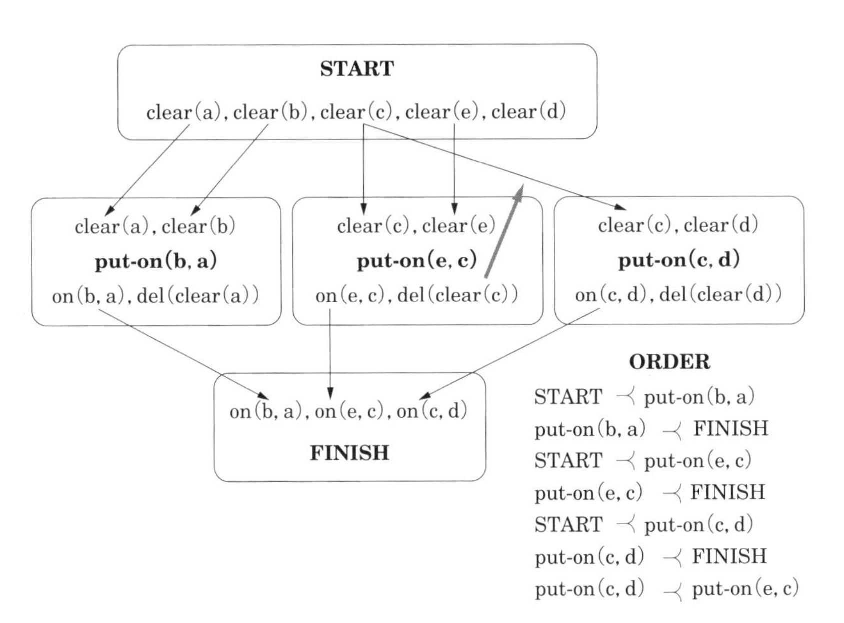

図 5.13　半順序プラン 4

ここで，プランステップ put-on(c, d) の clear(c) が，Step 4 で決定される．因果リンク $\text{START} \overset{\text{clear(c)}}{\longrightarrow} \text{put-on(b, a)}$ の追加の後，その因果リンクに対し，del(clear(c)) を持つ put-on(e, c) が脅威ステップになる．よって，Step 6 の (a)ii が実行され，順序制約 put-on(c, d)$\prec$put-on(e, c) が追加される．その結果，プランは図 5.13 のようになる．図中で，グレーの矢印が脅威ステップを表す．

最後に，put-on(c, d) の条件 clear(d) が START により満たされ，図 5.14 の半順序プランが得られる．このプランは，完全で無矛盾なので，半順序プランニングは停止する．また，得られた図 5.14 の半順序プランは，図 5.8 (b) のような全順序プランを表現している．このことから，半順序プランは STRIPS プランニングで得られる全順序プランの一般的表現になっていることがわかる．

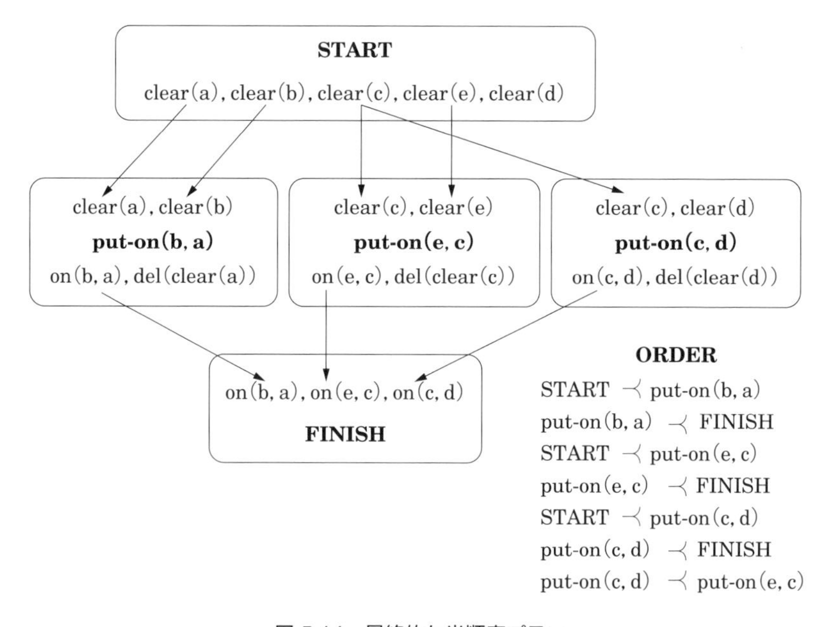

図 5.14 最終的な半順序プラン

5.3 即応プランニング

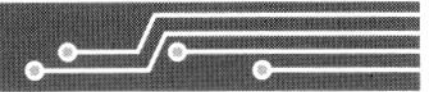

ここまで紹介したSTRIPSプランニングおよび半順序プランニングなどのように，環境モデルの上で完全なプランを生成することを目指すプランニングは，**古典的プランニング**（classical planning）と呼ばれる．近年，古典的プランニングの問題点が主にロボティクスの分野において指摘され，それを克服する**即応プランニング**（reactive planning）が提案されている．

古典的プランニングで生成されたプランは，ロボットハンドなどのアクチュエータにより環境において実行され，実世界において目標状態が実現される．全体の処理は，観測→環境のモデリング→プランニング→実行という手続きであり，**SMPA モデル**（Sense-Model-Plan-Action framework）[4] と呼ばれる（図5.15）．この枠組みの現実的問題点として，プランニングにかかる計算コストは言うに及ばず，さらにコンピュータビジョンなどによる環境のモデリングに多大な計算時間を要し，環境を観測してから実際にロボットが動き始めるまでの多くの時間がかかるため，ロボットの動きが非常に緩慢であることが指摘されている[4]．

以上のように完全なプランの生成の後にプランを実行するため，プラン実行までに時間がかかることが，古典的プランニングの問題の一つである．しかし，もう一つの重要な問題として，古典的プランニングは，生成されたプランが現

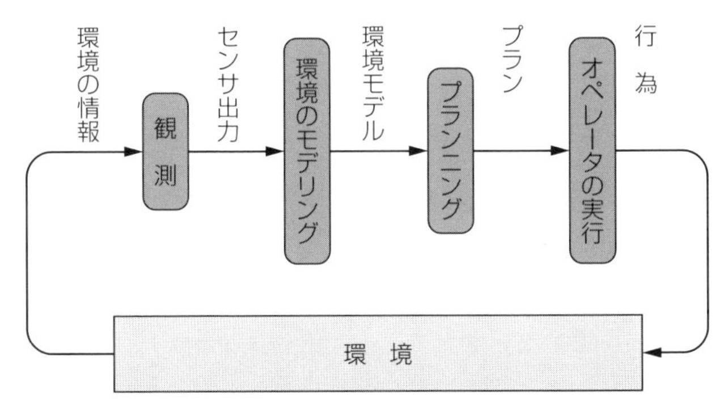

図 5.15　SMPA モデル

実世界で確実に実行されるという前提を置いていることが指摘される．確かに全く変化のない環境であって，プランに沿った全ての行為が必ず成功するとすれば，そのような前提は満たされるだろう．しかし，実世界ではそのような前提が成り立つ場合の方が稀である．環境は変化するし，変化しないまでも行為はしばしば失敗するものである．

このような動的環境で，古典的プランニングを行うとどうなるだろうか．せっかく苦労して立てた長いプランを実行しても，想定していた初期状態と現実の初期状態のずれから，あるいは行為自身の失敗から，行為の実行がうまくいかないことが頻繁に起こる．たとえ，失敗した時点でプランニングをやり直したとしても，再度プランの実行が失敗してしまうだろう．このようなプランニング，そして実行の失敗を繰り返し，いつまでたっても環境において目標を達成することができなくなることが容易に想像できるだろう．

即応プランニング（reactive planning）は，動的環境，あるいは実世界において目標を達成することを強く指向したプランニングである．その基本となる考えは，「エージェントが実世界で知的に行動するために，従来の多大な探索を伴うようなプランニングは必要でなく，その場の環境に応じて断片的な行動を行えばよい」というものである[1)2)]．このような背景から生まれたのが，即応プランニングである．

即応プランニングは，直接実行可能な断片的な行為からなる結論部と，センサ出力から直接判定可能な条件部で記述された**即応ルール**（reactive rule）と呼ばれるルールを用いて，次にとるべき行為の選択を行う．即応プランニングの構成を図5.16に示す．観測されたセンサ情報が，複数の即応ルールの条件部に直接的に与えられ，それぞれのルールが並列にその条件の適用を判定する．そして，条件が満たされたルールのうち，適当なものが選択され実行される．一つのルールが実行されるとまた観測を行うというループが，環境の変化に対して短い周期で繰り返される．これが即応プランニングシステムであり，枠組としては人工知能のエキスパートシステムで用いられるプロダクションシステム（4.5.1節を参照）によく似ている．しかし，本質的な違いは，プロダクションシステムで用いられるルールが，ワーキングメモリと呼ばれる計算機の内部状

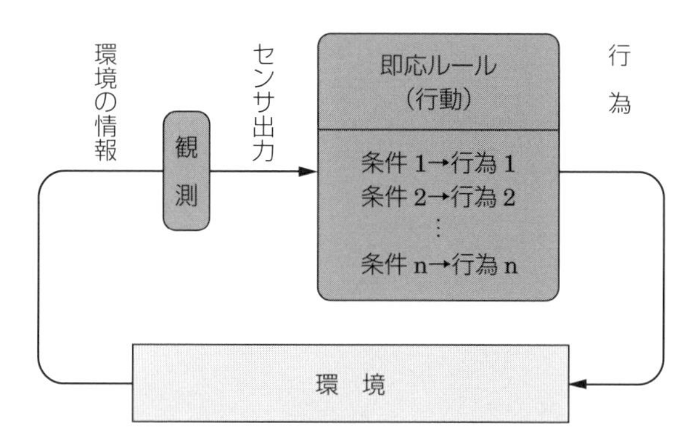

図 5.16　即応プランニングシステム

態を観測して書き換えるだけなのに対し，即応プランニングにおけるルールの実行は，ロボットが外界の環境を観測して推論なしに直接行為を環境に対して実行する点である．また，実際の即応プランニングシステムでは，即応ルールの集合の構造化や，ルール間の競合解消（4.5.1 節を参照）がなされる．

5.3.1　即応プランニングの具体例

では，具体的な即応ルールの例をみてみよう．タスクは，壁に沿って移動する壁沿い移動（wall-following）を実行することである．この壁沿い移動のための即応ルールの例を以下に示す．

□ **ルール A**（凹コーナーを曲がる．図 5.17（a）のような行動を実現する．）
IF 前方の壁が 10 cm 以内に近付いて，左 10 cm 以内に壁がある
THEN 時計方向に 40° 回転する．

□ **ルール B**（凸コーナーを曲がる．図 5.17（b）のような行動を実現する．）
IF 左右 5 cm，前方 10 cm に障害物なし
THEN 10 cm 前方に進み，反時計方向に 40° 回転する．

□ **ルール C**（壁に近付きすぎたら離れる．図 5.17（c）のような行動を実現する．）
IF 壁に 5 cm 以内に近付いた
THEN 右に 13.5° ステアリングを切る．

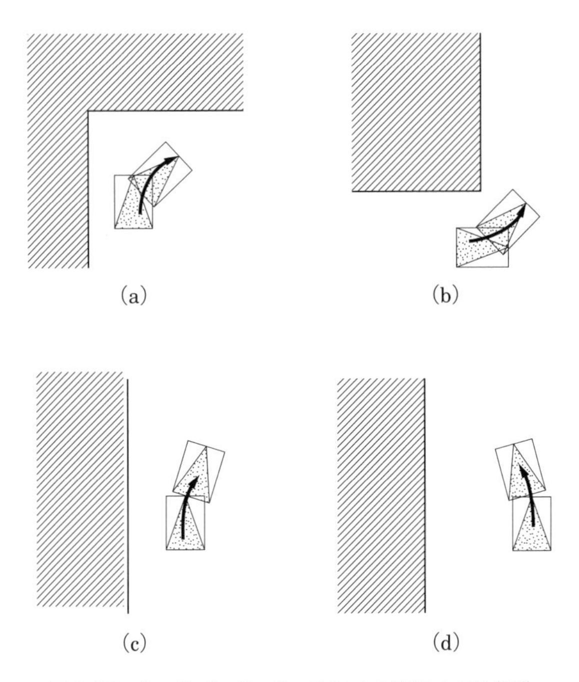

図 5.17　ルール A，B，C，D により実現される行動

□　**ルール D**（壁から離れすぎたら近付く．図 5.17（d）のような行動を実現する．）

IF 壁から 5 cm 以上離れた

THEN 左に 13.5° ステアリングを切る．

以上の 4 つの即応ルールを適時実行するだけで，図 5.18 のような環境において，スムーズな壁沿い移動が可能なことが実験的にわかっている[10)]．実際に移動ロボットを走らせてみると，壁に沿って移動している時は，ルール C とルール D がほぼ交互に繰り返し実行され，凹と凸のコーナーでは，ルール A とルール B がそれぞれ 2 回連続して実行されることにより，コーナーを曲がるのが観察された．

この壁沿い移動において，実行時に壁の歪みが生じた場合や壁に障害物が置かれた場合などによる環境の変化に対しても，即応プランニングは対応できる．

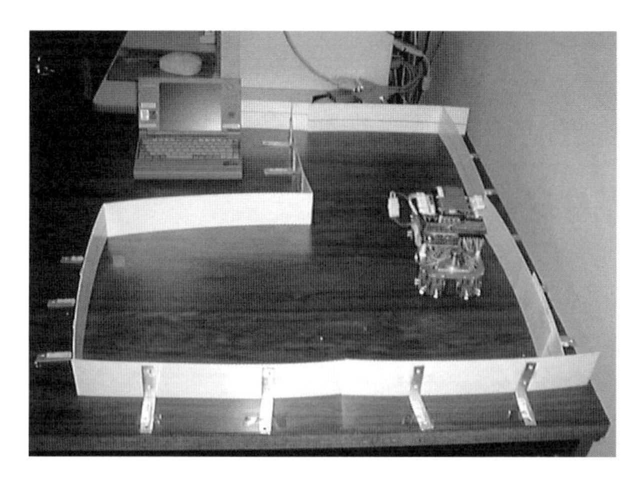

図 5.18 実ロボットでの実験環境

歪んだ壁の場合は，壁に接触することなく壁に沿って移動するし，ある程度の障害物ならそれに沿いながら回避することができる．しかし，古典的プランニングで壁沿い移動の実現を考えた場合，まず環境モデルを構築して，壁沿いを行うために必要な完全なプランを生成してからそのプランを実行する手続きをとることになる．そして，もし実行時に壁の歪みや障害物により環境が変化した場合は，想定していない状態になるため，プランの実行が不可能になってしまう．このような意味で，即応プランニングは，環境の変化に対して頑健であると言われる．

即応プランニングを用いたエージェントは，その内部に環境モデルを持っていない[4)]．また，エージェント自身は複雑な処理を行っておらず，単に環境に単純に反応しているだけとも考えられる．しかし，環境自身が複雑な場合は，そのような単純な反射的行動が，複雑な行動を生む場合がある．

エージェントの行動が反射的であれ，その行動はエージェントの目的に沿ったものでなければならない．また，さまざまな目的に対して適切に行動できる必要がある．古典的プランニングでは，オペレータの系列であるプランにより達成できる目的についてはプランを自動生成することによりすべて対応できるが，即応プランニングでは，古典的プランニングが行っている意味でのプランニ

ングを行わないため，あらかじめそれぞれの目的にあった即応ルールの集合を設計者が与える必要がある．この意味で，即応プランニングは柔軟性に欠ける．また，即応プランニングが実現する**即応**（reactivity）に対し，古典的プランニングのような完全なプランを生成するプランニングのことは，**熟考**（deliberation）と呼ばれる．

さらに，即応と熟考を統合するシステムが提案されている．ここでは，その一つである包摂アーキテクチャについて説明する．

5.3.2 包摂アーキテクチャ

従来の移動ロボットのアーキテクチャは，図5.15のように全体が機能モジュールにより分割されていた．これにかわり，Brooksは非同期にタスクを遂行する**行動**（behavior）により分割されたアーキテクチャを提案した（図5.19）．このアーキテクチャでは，上位レベルが下位レベルの行動を抑制するなどの制御をするために，**包摂アーキテクチャ**（subsumption architecture）[3)] と呼ばれる．図5.19からもわかるように，下位の階層ほど反射的な行動になっている．各レベルのタスクは，センサからの情報を直接受け取り並列に処理が進むため，従来の方式よりも，多重目標，多重センサ，頑健性，拡張性の点で優れていると言われる．

各レベルは，有限オートマトンを接続して構成されている．図5.20にその有

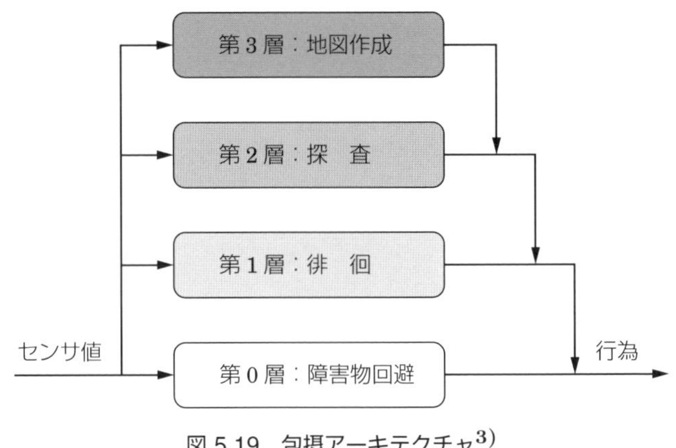

図5.19 包摂アーキテクチャ[3)]

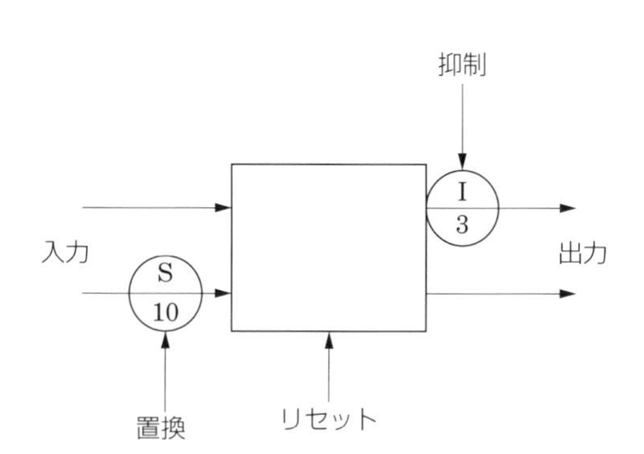

図 5.20 有限オートマトン[3)]

限オートマトンの例を示す．オートマトンは，入出力，入力バッファ，状態変数，現在の状態と入力から次の状態を決定する遷移規則を持つ．リセット入力があると，状態は NIL になる．また，入力はセンサか他のオートマトンの出力に接続され，出力はアクチュエータか他のオートマトンの入力に接続される．さらに，次に示すようなゲート接続が可能である．

- □ **抑制**（**inhibiter**）**：** 出力に接続され，トリガーにより，その出力は一定時間削除される．
- □ **置換**（**suppressor**）**：** 入力に接続され，トリガーにより，その入力は一定時間上位レベルの出力で置き換えられる．

図中の丸の中の I と S が抑制と置換を表し，その下の数字が上記の一定時間である．このような有限オートマトンと，それらの接続を記述する言語が，LISP 上で提供されている．構成手順としては，まず，低レベルを有限オートマトンの接続により構成する．そして，次に上位レベルを構成し，その 2 つのレベル間をゲート接続で結ぶ．この手順を繰り返して，包摂アーキテクチャがインクリメンタルに構成できる．

たとえば，レベル 0：障害物の回避，レベル 1：徘徊，レベル 2：探査行動 の 3 つのレベルで構成される移動ロボットの包摂アーキテクチャは，図 5.21 のようになる．また，実際に包摂アーキテクチャを用いた移動ロボットが制作されており，作為的な制約のない研究所内でゴミを回収するタスクの実行ができている．

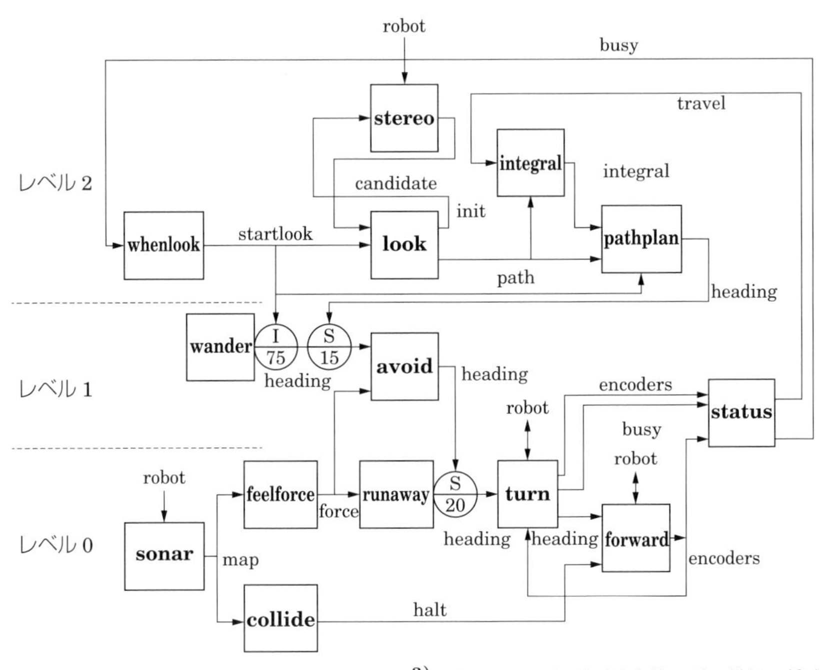

図 5.21　移動ロボットの包摂アーキテクチャ[3]：各レベルの行動（障害物回避，徘徊，検査行動）が，有限オートマトンの組合せで構成されていることが見て取れる．

移動ロボットの比較的単純なタスクでは，包摂アーキテクチャのどのレベルでも，環境モデルやプランニングを必要としない．このことから，Brooks の「表象なき知能（intelligence without representation）」というスローガンが生まれた．とにかく，従来の移動ロボットが，環境モデルの構成に多大な時間をかけて牛歩のごとく移動していたことを考えると，低レベルでの処理により，障害物回避等を即座に実行できる包摂アーキテクチャは，まさに即応プラニングである．また，包摂アーテクチャは，図 5.16 の即応プラニングに加え，上位層に図 5.19 の第 3 層の地図生成のような反射的ではない行動を加えることにより，即応と熟考を統合したシステムであると解釈できる．

演習問題

(1) 人間がフレーム問題に陥った時に，どのように対応しているかについて述べよ．

(2) 図 5.8 (a) の問題について，STRIPS プランニングを行った場合の過程を図 5.2 のように図示せよ．また，その結果，図 5.8 (b) のいずれかのプランが生成されたことを確かめよ．

(3) 図 5.3 が初期状態で，目標状態が図 5.6 であるようなプランニング問題を，半順序プランニングにより解き，その過程を図示せよ．

(4) 5.3 節の壁沿い移動の即応ルールを参考にして，障害物回避のための即応ルールを考えよ．

文　　献

1) P. E. Agre and D. Chapman, "A Implementation of a Theory of Activity", Proceedings of the Sixth National Conference on Artificial Intelligence, pp. 268–272, 1987.

2) P. E. Agre and D. Chapman, "What are plans for?", In *Designing Autonomous Agents*, pp.27–45. Bradford-MIT, 1990.

3) R. A. Brooks, "A Robust Layered Control System for a Mobile Robot", IEEE Transaction on Robotics and Automation, Vol.2, No.1, pp.14–23, 1986.

4) R. A. Brooks, "Intelligence Without Reason", Proceedings of the Twelfth International Joint Conference on Artificial Intelligence, pp.14–23, 1991.

5) R. E. Fikes and N. J. Nilsson, "STRIPS: A New Approach to the Application of Theorem Proving to Problem Solving", Artificial Intelligence, Vol.2, pp.189–208, 1971.

6) D. McAllester and D. Rosenblitt, "Systematic Nonlinear Planning", Proceedings of the Ninth National Conference on Artificial Intelligence, pp.634–639, 1991.

7) J. McCarthy and P. J. Hayes, "Some Philosophical Problems from the Standpoint of Artificial Intelligence", Machine Intelligence, Vol.4, pp.463–502, 1969. 三浦 謙訳「人工知能の観点から見た哲学的諸問題」,『人工知能になぜ哲学が必要か — フレーム問題の発端と展開』, 哲学書房, 1990.

8) A. Newell, J. C. Shaw, and H. A. Simon, "Report on a General Problem-Solving Program", The International Conference on Information Process, pp.256–264, 1960.

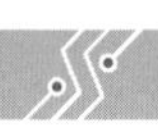

9) S. C. Shapiro et al., (eds), "Encyclopedia of Artificial Intelligence", Wiley International, second edition, 1991. 大須賀節雄 監訳「人工知能大辞典」, 丸善, 1991.

10) S. Yamada and M. Murota, "Unsupervised Learning to Recognize Environments from Behavior Sequences in a Mobile Robot", Proceedings of the 1998 IEEE International Conference on Robotics and Automation, pp.1871–1876, 1998.

11) 松原 仁, 橋田 浩一, "情報の部分性とフレーム問題の解決不可能性", 人工知能学会誌, Vol.4, No.6, pp.695–703, 1989.

第6章
推　　論

本章では，論理に基礎を置く推論について述べる．AIの文脈において，数多くの推論法が検討され，計算アルゴリズムとして実現されてきた．以下では代表的な推論法である，演繹・帰納・アブダクション，常識推論，仮説推論，類推，そしてベイジアンネットワークを順に紹介し，特徴を述べていく．

6.1　演繹・帰納・アブダクション

人間はどのように思考して与えられた問題を解決するのか．遠い昔から存在し，そして人間に与えられた永遠のテーマである．

このテーマへの挑戦を遡ると，紀元前のアリストテレスに行き当たる．アリストテレスは，「こうだからこうだ．また，これはこうだ．だからこうだ」といった形式の三段論法を提唱した．三段論法とは，2つの前提から1つの結論を導く推論パターンを指す．

アリストテレスの三段論法的推論を陵駕する考え方は，19世紀の記号論理学の登場を待たねばならなかった．アメリカの哲学者Peirceは，演繹（deduction），帰納（induction），アブダクション† (abduction) という3つの推論パターン[1)]があることを指摘した．

ここで演繹，帰納，アブダクションを簡単に説明しよう．次に示す大前提，小前提，結論と呼ぶ3つの命題を考える．

† 元来，「発想」という術語を用いていたが，通常の発想という用語とはかなり意味合いが違うこと，そしてAIの分野でも“発想支援システム”などが出現するようになったこと，などの理由から混乱を避けるためカタカナ表記を取っている．

大前提： エージェントは知能を持っている．($\forall x$ Agent$(x) \to$ Intelligent(x))
小前提： 007 はエージェントである．(Agent(007))
結論： 007 は知能を持っている．(Intelligent(007))

このとき，演繹，帰納，アブダクションの図式は次のように定義される．

演繹： ［大前提］＋［小前提］$\Longrightarrow$［結論］
帰納： ［小前提］＋［結論］$\Longrightarrow$［大前提］
アブダクション： ［大前提］＋［結論］$\Longrightarrow$［小前提］

演繹は，大前提と小前提が正しいとき，必然的に正しい結論，すなわち論理的帰結が導かれるという推論であり，必然的三段論法とも呼ばれる．帰納は，小前提と結論から大前提を仮定する推論で，観測された事例集合から事例の属するクラスに関する一般的規則を得るものである．例えば仮に，007 やランボーやドラエモンなどの多くの知能的なエージェントがいたとし，彼・彼女達を観察することによって，すべてのエージェントが知能を持つという一般的な規則を推論することが帰納である．帰納は多くの事例から新しい知識を獲得する帰納学習と関連付けて議論されることが普通である．アブダクションは，大前提と結論から小前提を仮定する推論である．007 が知能を持つことを観測していて，かつエージェントは知能を持っているという知識があるときに，ひょっとすると 007 はエージェントではないかという，いわば仮説ともいうべき新しい知識を創生する推論である．これは新しい科学的法則を天啓により発見するプロセスと類似している．

帰納とアブダクションは，演繹とは一線を画して**非演繹的推論**と呼ばれるように，演繹とは大きく異なる性質を有する．演繹は常に正しい結論を導くのに対して，帰納とアブダクションで得られる結論は，あくまでも仮説であり，常に正しいとは限らない．すなわち，**蓋然的**（plausible）**推論**，蓋然的三段論法である．また，帰納とアブダクションは，新しい知識を生み出す**拡張的**（amplicative）**推論**であるのに対し，演繹は現有する知識の範囲での推論でしかない．以上のように，人間の推論パターンを最も大きく分類すると 3 種類になり，あらゆる問題解決の場面で，人間は巧みに（ほとんど無意識のうちに）使い分けていることは容易に推察できよう．

それでは，3つの推論パターン（演繹，帰納，アブダクション）のメカニズムがどう定式化されるかについて見ていこう．特に，コンピュータによる推論メカニズムの機械化，自動化という観点から考察する．推論メカニズムの機械化は，人工知能の基礎研究の中心的課題であったし，現在でも精力的な研究が続けられている．

言うまでもなく，推論メカニズムの定式化は**形式論理**に基づく．3つの推論パターンの中では，演繹に関する研究が最も古くから成されてきた．**古典的論理**（classical logic）と呼ばれる命題論理や一階述語論理は，実のところ演繹を定式化する論理なのである．また，プロダクションルールによる推論も同様に演繹である．

古典的論理上の言語で表される論理式の集合を K（公理，または前提と言う）とし，Modus Ponens なる推論規則（4.5.4 節参照）を繰り返して得られる論理式を p（定理と言う）とするとき，K と p の関係を $K \vdash p$ と記す．また，K から導かれる定理集合を Th（K）と書く．このような公理 K から定理 p を導く推論は演繹に他ならず，論理式 p は K の論理的帰結であることが確かめられる．

さて，20 世紀中葉にコンピュータが出現すると，コンピュータを利用して公理 K から定理 p を導くことを試みるようになった．いわゆる**定理自動証明**の研究で，1960 年代に盛んに行われた．J.A.Robinson による**導出原理**（**融合原理とも呼ぶ**）（resolution principle）は顕著な成果である．基本的な考え方は，節（clause）という特殊な形式の論理式への形式的な操作により，K から p を導く代わりに，$K \cup \{\neg p\}$ から矛盾を導く（反駁証明）というものである．導出原理は，証明手続きの効率化に大きな役割を果たし，論理型プログラム言語である PROLOG の計算メカニズムとしても取り入れられていることは既に述べた通りである．

一方，推論の機械化という面において，帰納やアブダクションへの取り組みは，演繹のそれと比べるとはるかに遅れていると言えよう．帰納は，学習プロセスと絡めて議論されることが多く，理論面では，**極限同定**や **PAC 学習**が，また推論システムでは，**モデル推論**[2)] がよく知られた成果である．アブダクショ

ンと関連の深いものに**仮説推論**（6.3参照）があるが，これは人間がしばしば実行する問題解決プロセスである仮説選択－検証を論理ベースでモデル化したもので，簡単化したアブダクションと捉えることができる．また，論理プログラミングの分野では，最近になって，**帰納論理プログラミング**：**ILP**（inductive logic programming）[3]，**アブダクティブ論理プログラミング**：**ALP**（abductive LP）などのパラダイムが現れてきた．これらは，一階述語論理の枠組を基礎にして帰納，アブダクションの実現を図るものである．

以上のように，3種の推論パターンのうち，演繹は理論的にも解明されており，その機械化は既に現実のものとなっている．近年では，一層の高速化を追求して，並列推論マシンも開発されている．一方，残りの2つは部分的に実現されてはいるものの，理論面並びに実用面においてまだまだ課題は山積している．

6.2 常識推論

まず，**常識推論**（common sense reasoning）は，**不完全な情報・知識**のもとで，常識的な思考により，もっともらしい結論を導くためのものである[4]．現実世界の知識は多種多様ゆえ，森羅万象に関する知識記述を求めることは不可能である．そこで，いちいち知識全部を書かなくても，うまく推論できる仕掛を作ろうというのが常識推論が誕生した動機である．

常識推論の結論は蓋然的であるため，知識の追加という点に対して，それまでの結論が取り消されることがある．このような性質を推論の**非単調性**という．ちなみに，演繹による結論は未来永劫覆ることはないので，演繹は単調推論である．ここで，推論の単調性について形式的な定義を示す．

前提を表す論理式の集合を K とし，K に新規知識 K' が追加されたとする．K および $K \cup K'$ から推論される結論の論理式集合を $\mathrm{Con}(K)$, $\mathrm{Con}(K \cup K')$ とする．さて単調推論を定式化する命題・述語論理などの通常論理においては，

$$K \subseteq K \cup K' \text{のとき，} \mathrm{Con}(K) \subseteq \mathrm{Con}(K \cup K')$$

が成り立つ．上式は「新しい知識を追加したとき，得られる結論集合は少なくとも

減少はしない」ことを表し，知識増加に伴う単調性を示している．なお，通常論理では，$\mathrm{Con}(K)$ は定理の集合 $\mathrm{Th}(K)$ に一致する．ここに，$\mathrm{Th}(K) = \{p|K \vdash p\}$.

逆に，非単調推論では，

$$K \subseteq K \cup K' \text{のとき，} \mathrm{Con}(K) \not\subseteq \mathrm{Con}(K \cup K')$$

が成り立つときもあり，「新しい知識が追加されたとき，それまでに導出された結論が成り立たなくなることがある」という知識の増加に伴う非単調性を持つ．図 6.1(a)(b) にこの様子を図示する．同図 (b) の斜線部が知識の追加により成り立たなくなる結論である．

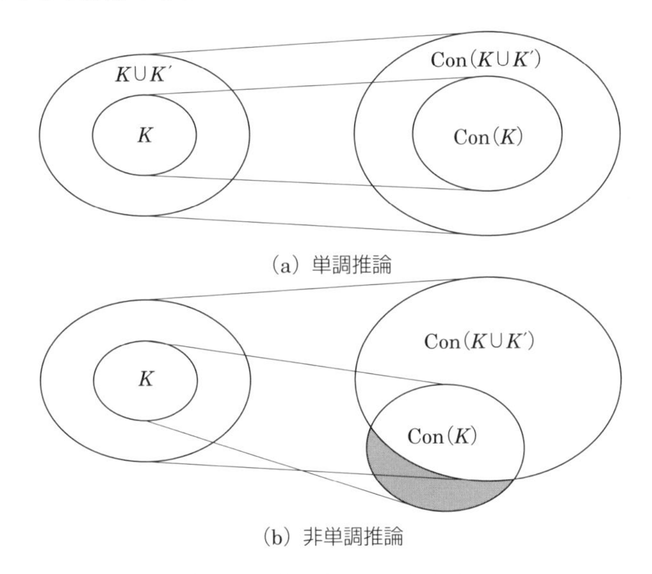

図 6.1　単調推論と非単調推論

それでは，信念に基づく推論を例にとり，非単調性を直観的に示そう．ある人が，「関西には大地震は起きない」という信念を知識として持っていたとしよう．ところが，関西大地震が発生して未曾有の被害をもたらしたという事実に直面したとき，古い信念である「関西には大地震は起きない」は，新しい事実のために成り立たなくなる．このような信念の集合は非単調に変化する．

AIにおける常識推論の研究では，常識を記述するのではなく，記述していないことを常識として導くという立場がこれまでのところ大半を占めている．ところで，AIの分野では，**フレーム問題**と呼ばれる大きな問題が残されている．それは，時々刻々変化する動的世界の記述において，状態が変化するのに伴って，不変なものを如何に記述するかという問題である．上述の非単調な常識推論のメカニズムでフレーム問題に対処しようとする取り組みが80年代に盛んに行われたが，抜本的な解法を与えるには至らなかった．

さて，非単調な常識推論を定式化した論理には，**デフォルト論理**（default logic）[5]，**サーカムスクリプション**（circumscription）[6]，**自己認識論理**（autoepistemic logic）[9] などが提案されている．これらのいわゆる非単調論理は，相互に密接な関係があり，かなりの部分，解明が進んでいる．一方，論理型のデータベースである演繹データベース（deductive database）における非単調な推論技法として**閉世界仮説**（CWA: Closed World Assumption）がある．以下に，各フォーマリズムを説明する．

6.2.1 デフォルト論理

デフォルト論理（DL）では，「逆の情報が成り立たないとき，常識的な結論を導け」という推論規則（デフォルトルールという）を付加することにより，一階論理を拡張する．たとえば，デフォルトルールで「鳥は通常飛ぶ」という知識を表すと，

$$\frac{\mathrm{Bird}(x) : \mathrm{Fly}(x)}{\mathrm{Fly}(x)}$$

となる．このルールを用いて，結論を導く対象となるインスタンス $Inst$ について，

「$\mathrm{Bird}(Inst)$ が成り立ち，$\mathrm{Fly}(Inst)$ と仮定してもそれを否定する
情報が導かれないとき，$\mathrm{Fly}(Inst)$ を結論しよう」

ということを実行するのである．大半の鳥に関しては，「飛ぶ」という常識的な結論を導け，一方，ペンギン，ダチョウ，ひな鳥，羽の傷ついた鳥など，例外的な鳥や例外的な状況という不完全な知識に対しても上のルールで対応することができる．

それでは形式的な定義を与えよう．まず，デフォルトルールの一般形を

$$\frac{p:q}{r},\ \text{あるいは}\ p:q/r$$

と書き，「p が成り立ち，かつ q が無矛盾ならば，r を推論する（p,q,r は論理式）」と読む．ここで，q が無矛盾とは，q の否定，つまり $\neg q$ が証明されないことである．

DL では，二字組 (D,K) をデフォルト理論（default theory）とする．ただし，D はデフォルトルールの集合，K は一階論理式の集合．一階論理式は完全な知識を表すので，ある意味で確定的な知識と見なすことができる．ここで，集合 K から D を用いて推論できる仮説的知識の集合である拡張 $\mathrm{EX}[D,K]$（extension）を定義しよう．

[定義 1] (D,K) をデフォルト理論とする．一階論理式の集合 $\mathcal{K}_i,(i \geq 0)$ を次のように定義する．

$$\mathcal{K}_0 = K$$

$$\mathcal{K}_{i+1} = \mathrm{Th}(\mathcal{K}_i) \cup \{r \mid p:q/r \in D,\ \text{ただし}\ p \in \mathcal{K}_i\ \text{かつ}\ \neg q \notin \mathcal{K}\}$$

$\mathcal{K} = \bigcup_{i=0}^{\infty} \mathcal{K}_i$ であるとき，またそのときに限り $\mathcal{K}$ は (D,K) の拡張 $\mathrm{EX}[D,K]$ である．■

この定義で着目すべきことは，$\mathcal{K}_{i+1}$ の定義に $\neg q \notin \mathcal{K}$ が入っていることである．これは集合 $\mathcal{K}$ を $\mathcal{K}_0$ から順に構成していくことができないことを意味する．

[例 1] ・動物は飛ばない．

・哺乳類は動物である．

・鳥は動物である．

・鳥は飛ぶ．

・ペンギンは飛ばない．

・ペンギンは鳥である．

・Leo は動物である．

・Tweety は鳥である．

これらの前提から「Leo は飛ばない」，「Tweety は飛ぶ」という結論が得られるか調べよう．実は，上の知識を単純に一階述語論理式で記述しても上の結論

は得られない（演習問題）．

そこで，「動物は飛ばない」と「鳥は飛ぶ」という知識を例外を含む不完全な知識と考えて，デフォルトルールで表すと理論 (D, K) は以下のようになる．

D:　Animal(x):¬Fly(x)/¬Fly(x), Bird(x):Fly(x)/Fly(x)

K:　$\forall\ x$ Mammal(x) → Animal(x)
　　$\forall\ x$ Bird(x) → Animal(x)
　　$\forall\ x$ Penguin(x) → ¬Fly(x)
　　$\forall\ x$ Penguin(x) → Bird(x)
　　Animal(Leo), Bird(Tweety)

まず Animal(Leo) が成り立ち，¬Fly(Leo) は無矛盾であるから 1 番目のデフォルトルールが適用され ¬Fly(Leo) が結論される．同様に Bird(Tweety) から 2 番目のルールが使われ Fly(Tweety) が結論される．

次に，K に Penguin(Tweety) なる知識を追加すると，K から ¬Fly(Tweety) が導かれるため，2 番目のデフォルトルールがブロックされ，追加前に結論されていた Fly(Tweety) が推論できなくなる．これが DL の非単調性である．

ところで，一階述語論理などの単調論理では，前提 K に対する結論である定理集合 Th(K) は必ず 1 つ存在するのに対して，DL における結論集合である拡張は，単調論理のように 1 つであるとは限らず，複数存在する場合（多重拡張と呼ぶ）や存在しない場合も考えられる（演習問題）．多重拡張を持つ場合を次の有名な例で見てみよう．

[例 2] ・クエーカー教徒は普通，平和主義者である．
・共和党員は普通，平和主義者でない．
・ニクソンはクエーカー教徒で共和党員である．

これらの言明を前提と考えるとき，どのような結論が導かれるだろうか？まずこれをデフォルト理論 (D, K) で表現すると，

D:　Quaker(x): Pacifist(x)/Pacifist(x)
　　Republican(x):¬Pacifist(x)/¬Pacifist(x)

K:　Quaker(Nixon), Republican(Nixon)

K から何れのデフォルトルールを最初に適用しても良いことがわかる．ま

ず，1番目のデフォルトルールを最初に適用すると，「ニクソンは平和主義者である（Pacifist (Nixon))」を含む，一つの拡張が得られ，このとき2番目のデフォルトルールはブロックされる（¬Pacifist (Nixon) が矛盾するから）．逆に2番目のデフォルトルールを最初に適用すると「ニクソンは平和主義者でない（¬Pacifist (Nixon))」を含む，別の拡張が得られる．このことは，唯一つの理論から相互に背反な2つの結論が導けることを示している．多重拡張は非単調推論の特有の性質であり，二者択一の仮説的結論に到達しうるという点において人間に近い推論プロセスと言えるが，現実に取り扱う場合には，やっかいな問題でもある．

DL は常識推論を定式化する有力な体系で，非単調論理の中で最も多く研究対象となった．しかしながら，DL の計算面では悲観的な事実が報告されている．命題計算においてさえ，拡張のメンバシップ問題（拡張の中に与えられた論理式が存在するかを判定する問題）は，論理式やデフォルトルールの表現能力を極端に制限したもの以外，NP 完全であることが証明されている．また，拡張を定めるのに，論理式の充足可能性（証明不能性）†をチェックする必要があるので，一階述語計算のもとでは，計算不能である．ゆえに，コンピュータに実装するには一階述語計算の部分系において DL を考察しなければならない．

6.2.2 サーカムスクリプション

サーカムスクリプションとは，「記述されていること以外は考慮しない」という人間の推論・思考に内在する概念を一階述語論理に導入する手法を定式化したものである．したがって，一階述語の世界に，上で述べた概念に相当するメタレベルの推論規則をサーカムスクリプションとして考えている．ここで，メタ推論規則は「あるオブジェクトが，ある事実からある性質を持つと推論されたら，その性質をもつのはそのオブジェクトに限定する（circumscribe)」，というものである．

サーカムスクリプションには，種々の定義法が与えられているが，ここではオリジナル版ともいえる McCarthy の定義[6)] を示す．

† 一階述語計算では，充足不可能な式を判定することはできるが，充足可能な式を判定するアルゴリズムは存在しない．このことは一階述語計算の半決定性と呼ばれる．

[定義 2]　$P(x)$ と $\Phi(x)$ を引数の数が等しい述語とし，述語 P を含む論理式の集合を $K(P)$ とする．K における P のサーカムスクリプション $\mathrm{Circ}[K;P]$ を，

$$\mathrm{Circ}[K;P] \stackrel{\triangle}{=} K \wedge \forall\Phi(K(\Phi) \wedge \forall x(\Phi(x) \rightarrow P(x)) \rightarrow \forall x(P(x) \rightarrow \Phi(x)))$$

とする．ここで，$K(\Phi)$ は K における述語 P を全て Φ に置き換えたものである．■

サーカムスクリプションの定義は，モデル（論理式集合を全て真とする解釈）の極小化の概念に基づいている．実際，定義 1 に示した式の第 2 項の論理式の任意のモデルは述語 P の極小モデルとなっている．よって前提 K が与えられたとき，P を満足しなければならないオブジェクト以外に P を満足するオブジェクトは存在しないことを定義は表明している．この意味からサーカムスクリプションを**極小限定**と邦訳することがある．

さて，サーカムスクリプションを常識推論に応用するには例外を許す表現である abnormal 述語を導入する[7]．

[例 3] 例 1 に関連して，「鳥は一般に飛ぶ」という常識的な知識を abnormal 述語 Ab を用いて表現すると，$\forall x\ \mathrm{Bird}(x) \wedge \neg\ \mathrm{Ab}(x) \rightarrow \mathrm{Fly}(x)$ になる．いま，前提 K を

$$\forall x\ \mathrm{Bird}(x) \wedge \neg\ \mathrm{Ab}(x) \rightarrow \mathrm{Fly}(x)$$

$$\forall x\ \mathrm{Penguin}(x) \rightarrow \mathrm{Ab}(x)$$

とするとき，$\mathrm{Circ}[K;Ab]$ は，

$$K \wedge (\forall x\ \mathrm{Ab}(x) \Leftrightarrow \mathrm{Penguin}(x) \vee (\mathrm{Bird}(x) \wedge \neg\mathrm{Fly}(x)))$$

（ただし，記号 $\Leftrightarrow$ は同値，すなわち $P \Leftrightarrow Q$ は $(P \rightarrow Q) \wedge (Q \rightarrow P)$ を意味する）

になる．上の言明は「異常なものは，ペンギンか，飛べない鳥だけである」を表している．さらに述語 Fly を介して述語 Ab にサーカムスクリプションを施すと[8]，

$$\forall x\ \mathrm{Ab}(x) \Leftrightarrow \mathrm{Penguin}(x)$$

が導かれる．これは「異常なものは，ペンギンだけである」を表す．

サーカムスクリプションは非単調推論の定式化手法として有力であり，多くの拡張・変形版が提案されている．しかし，前述の定義2から明らかなように述語変数に限量子 $\forall\Phi$ が含まれており，二階述語論理としての扱いが必要である．二階述語論理は計算する手法が存在しないことが知られており，完全な形での実現は不可能である．しかしながら，Lifschitz[8] がサーカムスクリプションを一階述語のレベルで表現できる論理式のクラスを見い出したことに端を発し，論理プログラミングにおいてその実現を考察するアプローチが数多く提案された．

6.2.3 自己認識論理

Moore はデフォルト推論（逆の結論が導かれないとき，仮にその結論を推論する）とは違う意味論をもつ**自己認識推論**（autoepistemic reasoning）を考案した．それは，推論者自身の知識や信念に従って非単調な推論を行うものと定義される．この自己認識推論をモデル化する論理が**自己認識論理**（AEL）である．AEL では，一階述語論理などの通常論理の世界に様相記号 L を導入して拡張する．L に「信じている」という意味を与え，式 $\mathrm{L}p$ は「p が信じられている」と解釈される．AEL の理論（論理式集合）では，$\mathrm{L}p$ を部分式としてもつ論理式を許す．

AEL の結論集合は安定拡張 $\mathrm{SE}[K]$（stable expansion）と呼ばれ（DL の拡張と同等の概念である），定義は以下の通りである．

［定義 3］ 前提 K に対し，

$$T = \mathrm{Th}(K \cup \{\mathrm{L}p \mid p \in T\} \cup \{\neg\mathrm{L}p \mid p \notin T\})$$

を満たす論理式集合 T を前提 K の安定拡張 $\mathrm{SE}[K]$ という．■

安定拡張には，信じていること（$\mathrm{L}p$）と信じていないこと（$\neg\mathrm{L}p$）が含まれている．定義3は論理式集合 T についての不動点方程式となっていることに注意されたい．このことは，与えられた前提 K から安定拡張が直接的に構成できないという非構成的な性質を，DL と同様に AEL も有することを示唆している．

AEL に関する注目すべき研究に，Konolige[10] による DL と AEL との等価

変換がある．彼の理論を要約すると，DL のデフォルトルール $p : q/r$ を AEL の論理式 $\mathrm{L}p \land \neg\mathrm{L}\neg q \to r$ に変換し，強依存安定拡張と呼ばれる結論集合を求めたとき，通常式からなる結論の部分集合は DL の拡張と一致する，というエレガントな結果である．この等価変換に従うと，「鳥は通常飛ぶ」というデフォルトルール $\mathrm{Bird}(x) : \mathrm{Fly}(x)/\mathrm{Fly}(x)$ は，

$$\mathrm{L\ Bird}(x) \land \neg\mathrm{L}\neg\mathrm{Fly}(x) \to \mathrm{Fly}(x)$$

という AEL の論理式に変換される．

6.2.4 閉世界仮説

閉世界仮説 CWA は Reiter[11) による発案で，「知識ベースから導くことのできないものは，その否定が成り立つ」とする立場をとる．直観的な例を挙げれば，“fazzy” という文字列に遭遇した場合，英和辞典を見ても，その単語が記載されていないので，“fazzy” という単語は英語には存在しないだろうと考えるのが CWA の発想である．逆に，知識ベースに記述されてないものの真偽は不明であるとする立場は，開世界仮説（Open World Assumption）という．

CWA による推論では，対象世界の記述がかなりの部分，簡単化され，否定的知識を記述することなく，肯定的知識のみ記述すればよい．否定的知識は一般に肯定的知識よりはるかに多いので，CWA により計算面・記述面において多くの利点があると Reiter は主張した．

CWA の定義を以下に示す．

[定義 4] K を前提の一階述語論理式の集合，p を基礎アトムとする．$p \notin \mathrm{Th}(K)$ であるとき，またそのときに限り，$\neg p \in \Delta$ とする．ただし，Δ は負の基礎リテラルの集合であり，仮説集合と呼ぶ．このとき，CWA により導かれる式の集合 $\mathrm{CWA}[K]$ を $\mathrm{CWA}[K] \stackrel{\triangle}{=} \mathrm{Th}(K \cup \Delta)$ とする．■

上の定義は，前提 K から正の基礎リテラルが論理的に帰結されないとき，そのリテラルの否定を K に付け加え，その付け加えた集合から導かれる式の集合が $\mathrm{CWA}[K]$ であることを示す．図 6.2 に閉世界仮説 $\mathrm{CWA}[K]$ を図式的に示す．K に知識を追加するのに伴い，Δ の要素数は減少する可能性がある．ゆえに $\mathrm{CWA}[K]$ は K の増加に対して非単調である．

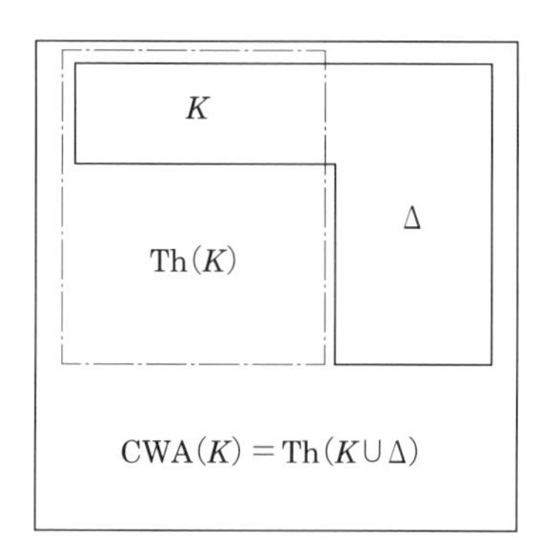

図 6.2　閉世界仮説

以下の例で非単調性を確かめよう．

[例 4]　$K = \{p \to q\}$ とする（p, q は正の基礎リテラル）．このとき $p, q \notin \mathrm{Th}(K)$，ゆえに $\neg p, \neg q \in \Delta$．よって $\neg p, \neg q \in \mathrm{CWA}[K]$．ここで $K \cup \{p\}$ とする．明らかに $p, q \in \mathrm{CWA}[K \cup \{p\}]$．$\neg p, \neg q$ は導かれなくなるので非単調である．

次に CWA の無矛盾性を考えよう．論理式集合 K が無矛盾（consistent）であるとは，ある式とその式の否定が同時に K の要素ではない，という意味である．

[例 5] $K = \{p \vee q\}$ とする（p, q は正の基礎リテラル）．このとき，$p, q \notin \mathrm{Th}(K)$，ゆえに $\neg p, \neg q \in \Delta$．したがって，$p \vee q$ と $\neg p \wedge \neg q = \neg(p \vee q)$ の両方が $\mathrm{CWA}[K]$ に含まれるので，$\mathrm{CWA}[K]$ は矛盾する．

この例から指摘されるように，無矛盾な前提を対象としても，CWA による無矛盾性は一般に保証されない．しかしながら，ホーン節（正のリテラルの出現が高々 1 回である節）の集合に対しては，前提 K が無矛盾であるとき，$\mathrm{CWA}[K]$ は無矛盾であるという重要な性質がある．ホーン節集合は論理型プログラム言語の PROLOG に導入されている体系であり，この性質のもつ意義は大きい．

6.3 仮説推論

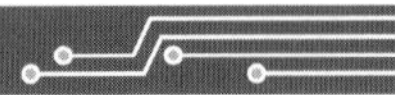

仮説推論 (hypothetical reasoning) について述べる．我々がしばしば行う問題解決の枠組の一つに仮説の生成－検証サイクルがあり，実際に画像理解や音声理解などの分野で広く利用されている．仮説推論は仮説の選択と利用に主眼を置き，一階述語論理に基づく演繹的な検証を導入した枠組である．

ここで，Poole[12) の Theorist における形式的定義を示す．

[定義 5] 現有する知識集合を K，仮説集合を H，そして観測された事実を表す論理式を p とする．仮説推論とは，

$$K \nvdash p \text{ かつ } K \cup \{h_i\} \vdash p \qquad \text{ただし，} K \cup \{h_i\} \text{ は無矛盾}$$

を満たす仮説集合 $\{h_i\} \subseteq H$ を見つけることである．■

通常は集合 $\{h_i\}$ の最小性もこの枠組では考慮される．また，集合 H の要素は，基礎リテラルを対象にすることが多い．図 6.3 に仮説推論を図式的に示す．

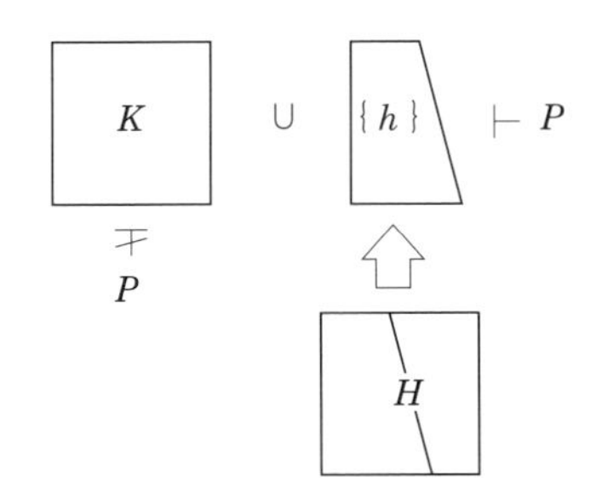

図 6.3　仮説推論

[例 6] 次の知識集合 K，仮説集合 H を考える．

K :　$\forall x\ \mathrm{Bird}(x) \land \mathrm{Weak}(x) \to \neg\mathrm{Fly}(x)$

$\forall x\ \mathrm{Swallow}(x) \to \mathrm{Bird}(x)$

$\forall x\ \mathrm{Raven}(x) \to \mathrm{Bird}(x)$

$\forall x\ \mathrm{Injured}(x) \land \mathrm{Female}(x) \to \mathrm{Weak}(x)$

$\forall x\ \mathrm{Chick}(x) \to \mathrm{Weak}(x)$

Swallow(Tweety), Raven(Veety), Emu(Sweety)

H: Injured(Tweety), Female(Tweety), Bird(Veety), Chick(Sweety), Female(Sweety), Injured(Sweety), Chick(Tweety)

ここで，$p = \neg \mathrm{Fly}(\mathrm{Tweety})$ が観測されたとすると，$K \not\vdash p$ である．仮説推論によって $K \cup H_i \vdash p$,（$i = 1, 2$）を満たす2つの集合 $H_1 = \{\mathrm{Injured}(\mathrm{Tweety}), \mathrm{Female}(\mathrm{Tweety})\}$，および $H_2 = \{\mathrm{Chick}(\mathrm{Tweety})\}$ が得られる．つまり，「Tweety が怪我をしていて，雌である」か，「Tweety がひな鳥である」を仮定すると，「Tweety が飛ばない」という事実が説明できることを示している．ここで最小の仮説集合を選ぶとすると H_2 になる．

仮説推論の枠組において注意すべきことは，H を既知とする点である．仮説推論はアブダクションと比べると，仮説を発見・生成するプロセスがなく，既に存在する仮説集合から適切な部分集合を選択するプロセスに置き換えた定式化となっている．したがって，仮説推論の枠組はアブダクションの簡略化と見なせる．仮説推論は，設計，診断など様々なタスクそしてドメインに適用され，応用範囲は広い．

6.4 類　推

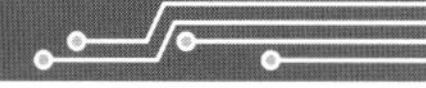

類推（analogical reasoning）とは，ある問題に対して，他の問題との間に成り立つ構造の類似性を見出すことによって解決するというプロセスをモデル化した推論である[13)]．

論理的な枠組は以下の通りである．まず，目標とする対象をターゲット T とし，基底となる対象をベース B とする．

$$T \sim B \quad \text{かつ} \quad P(B) \quad \text{から} \quad P(T) \quad \text{を推論する}$$

ここで，$\sim$ はベースとターゲット間の対応関係，すなわち類比を表し，$P()$ はベースあるいはターゲットの性質である．要約すると，ベースとターゲットの類似性を見つけ出し，ベースで成り立つ事実を変換して，ターゲットに対する性質を予測する推論である．たとえば，「水星と金星は似ている」，「水星には生物がいないから，金星にもいないだろう」と推論するのは類推である．

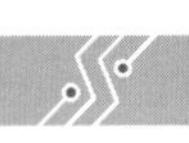

なお，類似性に着目した推論に**事例ベース推論**（case based reasoning）がある（7.5節参照）．過去の事例などを大量に事例ベースとして蓄えておき，いま与えられた問題である事例に対処するために，類似事例を検索抽出して利用するというアイデアである．これは応用を指向して類推をシステム化したものと位置づけられる．

6.5 ベイジアンネットワーク

古典的な論理学では，命題の真偽は決定論的に一意に決まり，確率的に真偽を扱うことはほとんどなかった．これに対し，特に実世界に関する推論においては，外界からセンシングできる情報が**不確実性**（uncertainty）をもっている場合が多く，その結果推論された命題の真偽も不確実性をもつことが通常である．よって，そのような場合は，不確実性をともなう推論が必要となる．

ベイジアンネットワーク（Bayesian netword）は，不確実性をともなう推論が行える，グラフ構造を持つグラフィカルな確率モデルである[14)]．その構成要素は，確率変数をノードとし，確率変数間の確率的依存関係を有向リンクとする有向グラフで表され，それぞれのリンクには2つのノード間の条件付き確率が付与されている．例えば，ベイジアンネットワークでは，確率変数 X_i, X_j の間の条件付き依存性を $X_i \to X_j$ と表す．親ノードが m 個ある場合は，子ノード X_j の親ノードの集合を $A(X_j) = \{X_j^1, \cdots, X_j^m\}$ とすると，X_j と $A(X_j)$ の依存関係は，次式のような条件付き確率で表せる．

$$P(X_j|A(X_j)) = P(X_j|X_j^1, \cdots, X_j^m)$$

さらに，n 個の確率変数 $X_1, \cdots, X_n$ のそれぞれを子ノードとして考えると，$X_1, \cdots, X_n$ の同時確率分布は次式のようになる．

$$P(X_1, \cdots, X_n) = \prod_{j=1}^{n} P(X_j|A(X_j))$$

このように，有向グラフを用いて確率変数であるノードとそれらのノード間の依存関係をグラフィカルに表現できることがわかる．例として，「雨が降っている（確率変数 R）と電車が遅れる（確率変数 D）可能性がある」，「土日祝日（確率変数 E）であれば，電車が遅れる可能性がある」，「電車が遅れると，遅刻する（確率変数 C）可能性がある」という不確実性をともなう依存関係をベイジアンネットワークで記述すると図 6.4 のようになる．

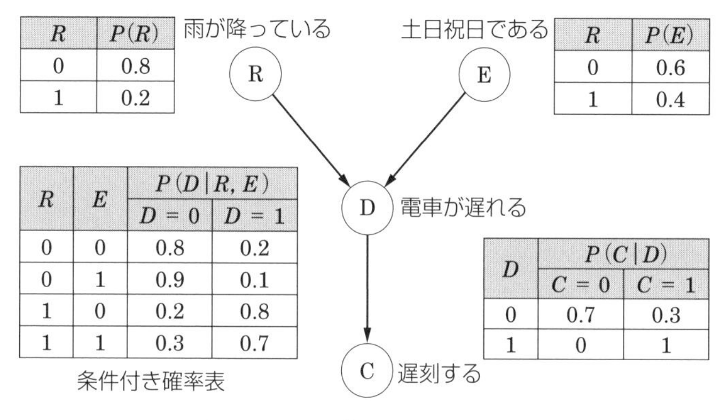

R	$P(R)$
0	0.8
1	0.2

R	$P(E)$
0	0.6
1	0.4

R	E	$P(D\|R, E)$	
		$D=0$	$D=1$
0	0	0.8	0.2
0	1	0.9	0.1
1	0	0.2	0.8
1	1	0.3	0.7

D	$P(C\|D)$	
	$C=0$	$C=1$
0	0.7	0.3
1	0	1

図 6.4　ベイジアンネットワーク

親ノードと子ノードの間には，それらの依存関係を条件付き確率で表現した**条件付き確率表**（図 6.4）が割り当てられる．例えば，図 6.4 における下記の条件付き確率は，

$$P(D=1|R=1, E=0)=0.8$$

雨が降っていて（$R=1$），かつ土日祝日でない（$E=0$）場合に，電車が遅れる（$D=1$）確率を意味する．アークで結ばれた依存関係のある親ノードとその子ノード間には，この条件付き確率が事前知識として付与される必要がある．図 6.4 のように単純なベイジアンネットワークでも，かなり複雑な条件付き確率表が与えられなければならない．さらに，この条件付き確率は，確率変数の取り得る値の数が大きくなると一気に複雑になる．一方，図 6.4 において親ノードを持たないノード R と E の確率は，各事象の事前確率を意味し，一般的には，環境の観測によって確率 1 で値が決定されたり，センサーによるセンシングが不確実性を伴う場合は，そのセンサーモデルをさらにベイジアンネットで

記述すればよい．

ベイジアンネットワークのメリットとして，確率モデルの上で，各ノードの確率変数について確率分布を計算することにより，確率推論が可能なことがある．一般的な構造をもつベイジアンネットワークの確率推論は難しく，手法が多岐にわたるが，ここでは最も基本的な方法について説明する．確率推論の観点から基本となるベイジアンネットワークの構造は，**単結合**（singly connected）と呼ばれるクラスで，無向グラフとした場合に閉路（ループ）がないベイジアンネットワークを意味する．

今，図 6.5 のような単結合のベイジアンネットワークがあるとして，これを使って確率推論を説明する．ベイジアンネットワークにおける確率推論は，まず観測などによって決定されたノードの値 $E_i = e_i, \cdots, E_k = e_k$ を割り当て，次に親ノードがなく，値の決定していないノードに事前確率分布を割り当て，そして確率変数 X の事後確率 $P(X|E_i = e_i, \cdots, E_k = e_k)$ を計算するという手順をとる．この事後確率の計算のために，**信念伝播**（belief propagation）と呼ばれる，観測等により決定されたノードの値から確率を伝播する手続きにより，各ノードの確率分布を計算する．

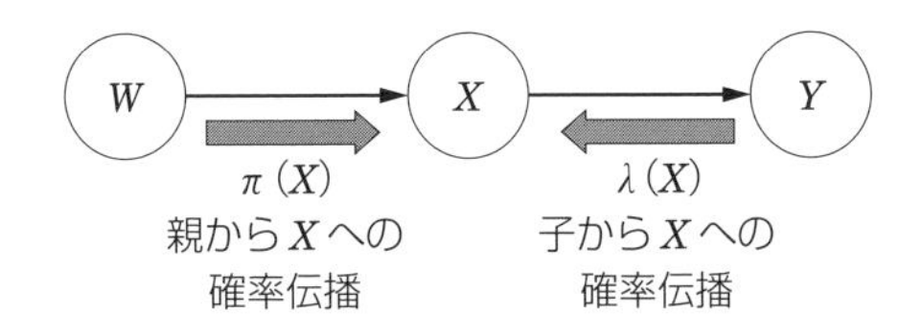

図 6.5　ベイジアンネットワーク上での確率推論

図 6.5 では，ノード X は親ノード W，子ノード Y を持っている．また，W，Y はさらに親ノードや子ノードを持っていてもよい．親ノードと子ノードの間には依存関係があり，条件付き確率表が与えられているとする．ここで，X の祖先ノードにおいて観測された情報を e^+，子孫ノードのそれを e^-，2 つを合わせた情報を e とする．ノード X の事後確率 $P(X|e)$ は，ベイズの定理と e^+ と e^- が条件付き独立であることより，式 (6.1) のように表される．ここで，$\alpha = \frac{1}{P(e^-|e^+)}$ は正規化の定数である．

$$P(X|e) = P(X|e^+, e^-) = \alpha P(e^-|X)P(X|e^+) \tag{6.1}$$

e^+ により親ノード W から X へ伝播する確率を $P(X|e^+) = \pi(X)$ と表すと，X の周辺化により式 (6.2) を得る．ここで，$P(X|W)$ は，条件付き確率表で既与であり，親ノード W の $P(W|e^+) = \pi(W)$ は，観測された値，事前確率，あるいは式 (6.2) をその親ノードに再帰的に適用して求めることができる．

$$\pi(X) = \sum_{X} P(X|W)P(W|e^+) \tag{6.2}$$

一方，同様の考え方から，e^- により子ノード Y から X へ伝播する確率を $P(e^-|X) = \lambda(X)$ とすると，式 (6.3) が得られる．

$$\lambda(X) = \sum_{Y} P(e^-|Y)P(Y|X) \tag{6.3}$$

ここで，$P(Y|X)$ は条件付き確率表で既与であり，子ノード Y の $P(e^-|Y) = \lambda(Y)$ は，式 (6.3) を再帰的に子ノードに適用することで求まる．その結果，式 (6.2)，(6.3) を式 (6.1) に代入して，$P(X|e)$ が求まる．また，同様にして，次式により任意のノードの事後確率を計算できる．

$$P(X|e) = \alpha\pi(X)\lambda(X)$$

単結合のベイジアンネットで複数の親ノードや子ノードをもつ場合は，計算はより複雑になるが，信念伝播の基本的な考え方は同様である．

単結合のベイジアンネットワークでは，単純かつ高速に確率計算が可能であるが，それ以外の**複結合** (multiply connected)，つまり無向グラフとした場合にループが存在するベイジアンネットワークの場合は，確率計算が複雑になり，計算コストも増すことが知られている．その計算方法としては，事前に単結合の木構造グラフに変換して精度よく計算する方法や様々なサンプリング手法を用いた近似解法が研究されている．

ベイジアンネットワークは，故障診断，ロボットによる環境認識などのセンサーによる観測をベースにした推論，つまりノイズなどの影響により不確実性

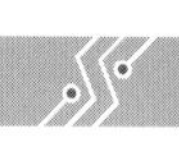

が避けれない状況での知識を素直に表現でき，さらにそこで推論を行えるツールとなっている．

また，すべてのリンクの条件付き確率を人手で決定することは，特にリンク数や確率変数の値が増えると容易なことではない．2つのノードの確率変数の値の全組み合わせに関するデータが十分に得られる状況では，最尤推定により，条件付き確率が簡単に計算できるが，いつもそうとは限らない．

一方，ベイジアンネットワークのグラフ構造自体も複雑になると人間が構成するには無理があると考えられる．よって，ベイジアンネットワークの構造を学習により獲得する研究が進められている．基本的な方法としては，ある情報量基準を評価関数として，貪欲法でグラフを少しづつ変形しながら局所最適なグラフ構造を見つけるというものがある．当然ながら，最適なグラフ構造を見つける保証はない．

演習問題

(1) 人間が日常行う具体的な推論（問題解決）例（試験の解答，研究の進め方，競馬の予想，為替の予測，など）を挙げ，演繹，帰納，アブダクションとそれらの関係を述べよ．

(2) 例1の知識を一階述語論理で表しても，「Leo は飛ばない」，「Tweety は飛ぶ」を結論できないことを示せ．

(3) デフォルト論理で，拡張が存在しないときのデフォルト理論を挙げよ．

(4) 例3のサーカムスクリプションを確かめよ．

(5) 閉世界仮説をデフォルトルールで表現するとどのようになるか？

(6) ホーン節集合からなる前提 K が無矛盾であるとき，CWA[K] は無矛盾であることを示せ．

(7) 仮説推論で知識と仮説集合の無矛盾性を要請する理由を考察せよ．

(8) 類推による結論が正しいための条件は定められるだろうか？

(9) 身近な例について，単結合のベイジアンネットワークを構成し，条件付き確率表を与えよ．

文　　献

1) 井上克己，“アブダクションの原理”，人工知能学会誌，Vol.7, No.1, pp.48-59, 1992.

2) E.Y.Shapiro, “Inductive Inference of Theories from Facts”, Research Report

192, Dept. Computer Science, Yale Univ., 1981. 有川 訳，「知識の帰納的推論」，共立出版，1986.

3) S.Muggleton, "Inductive Logic Programming", Academic Press, 1992.

4) 馬場口 登，"非単調推論", 日本ファジィ学会誌，Vol.4, No.4, pp.608-619, 1992.

5) R.Reiter, "A Logic for Default Reasoning", Artificial Intelligence, Vol.13, No.1/2,pp.81-132, 1980.

6) J.McCarthy, "Circumscription – A Form of Non-monotonic Reasoning", Artificial Intelligence, Vol.13, No.1/2,pp.27-39, 1980.

7) J.McCarthy, "Applications of Circumscription to Formalizing Commonsense Knowledge", Artifficial Intelligence, Vol.28, No.1, pp.89-116, 1986.

8) V.Lifschitz, "Computing Circumscription", Proceedings of 9th International Joint Conference on Artificial Intelligence, pp.127-127, 1985.

9) R.C.Moore, "Semantical Considerations on Nonmonotonic Logic", Artificial Intelligence, Vol.25, No.1,pp.75-94, 1985.

10) K.Konolige, "On the Relation Between Default Theories and Autoepistemic Logic", Proceedings of 10th International Joint Conference on Artificial Intelligence, pp.394-401, 1987.

11) R.Reiter, "On Closed World Data Bases", in H.Gaillaire and J.Minker eds., *Logic and Data Bases*, Plenum Press, 1979.

12) D.Poole, "A Logical Framework for Default Reasoning", Artificial Intelligence, Vol.36, No.1,pp.27-47, 1988.

13) 原口 誠，有川 節夫，"類推の定式化とその実現"，人工知能学会誌，Vol.1, No.1, pp.132-139, 1986.

14) 本村 陽一，佐藤 泰介，"ベイジアンネットワーク：不確定性のモデリング技術"，人工知能学会誌，Vol.15, No.4, pp.575-582, 2000.

第7章 機械学習

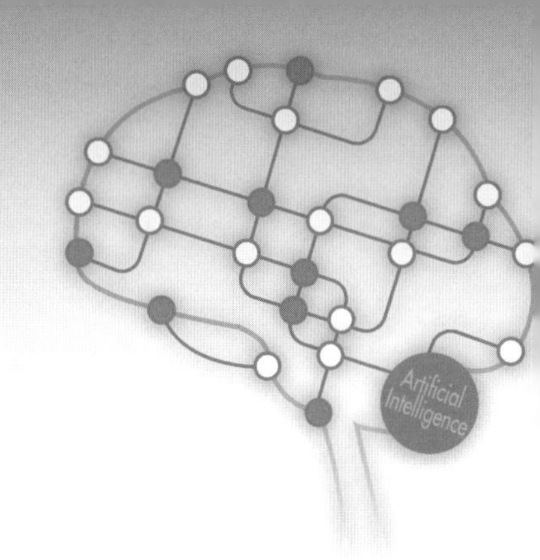

人間は過去に行った問題とよく似た問題を解決するとき，以前に解いた経験を基によりうまく解決できる**学習能力**を持っている．このような学習能力を計算機システムに持たせることを目的とする研究は，**機械学習**（machine learning）と呼ばれる．一般に機械学習は，帰納学習（inductive learning），演繹学習（deductive learning），類推学習（learning by analogy），強化学習（reinforcement learning）等に分類される．以下に各学習について，簡単に説明する．

- □ **帰納学習（inductive learning）**：教師あるいは外界から与えられた概念の例（あるいは，判例）を基に一般化を行うことにより，抽象的な概念記述を帰納的に獲得する．教師がある例は学習すべき概念の例か否かの判定を可能であるとする．
- □ **演繹学習（deductive learning）**：既に学習者が知識を持っており，その知識からの演繹によって概念を獲得する．具体的には，既存の知識で保証される一般化を行う学習がある．抽象的でそのままでは効率よく使えない概念の記述を，より効率よく使える記述に変換する**説明に基づく学習**は，典型的な演繹学習である．
- □ **発見的学習（learning by discovery）**：数値等を含む多数のデータから，概念や法則を導き出す．ただし，目標となる概念を知っている教師は存在せず，学習者が教師なしで有用な概念を獲得する必要がある．自然科学における法則の発見などが典型例である．
- □ **類推学習（analogy）**：帰納学習のように，具体例から概念を学習するのではなく，既存の概念の中から今求めるべき概念に類似しているものを修正して新たな概念として学習する．たとえば，パイプの中を流れる水

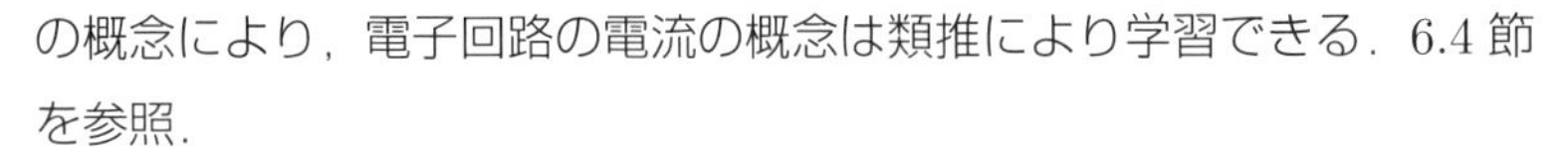

の概念により，電子回路の電流の概念は類推により学習できる．6.4 節を参照．

- □ **強化学習**（reinforcement learning）：学習するエージェントが環境に対し行為を行うことにより得られる報酬だけを頼りに，できるだけたくさんの報酬を得られるような行為の決定法を学習する．その際，行為の実行直後に報酬が得られない，環境のモデルを持っていないという制約の基での学習を目指す．
- □ **概念形成**（concept formation）：属性と属性値からなる例の系列から，それらの分類を自動的に行う[4)5)8)]．訓練例がどのクラスに属するのかという教師からの情報は，一切使わない．
- □ **統計的機械学習**（statistical machine learning）：データマイニングを初めとする膨大な量のデータを基にして，統計的手法を利用した分類学習やクラスタリングなどの機械学習である[1)]．

本章では，まず記号表現を対象に**帰納学習**を行う手法である**バージョン空間法**，演繹学習である**説明に基づく学習**を紹介する．さらに，決定木の帰納学習アルゴリズムである **ID3** と強化学習の基本である **Q 学習**と**バケツリレーアルゴリズム**について説明する．最後に，統計的機械学習およびデータマイニングに関連して，Nearest Neighbor 法，サポートベクターマシン，相関ルールの学習，クラスタリングについて触れる．

7.1 帰納学習

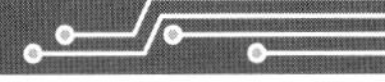

機械学習では，与えられた例がある**概念**（concept）に属するか否かを判定する基準を学習する**概念学習**（concept learning）がその研究の多くを占める．ここでは，人工知能の概念学習において最も一般的な手法として，概念を述語，文字列などの記号で記述する**記号による学習**（learning by symbol）を中心に扱う．また，記号によらない学習としては，概念はノード間の重みで表現されているニューラルネットワーク学習や後述するサポートベクターマシンなどの統計的機械学習[1)]が代表的である．

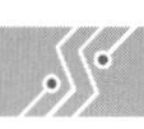

7.1.1 仮説空間における探索

帰納学習では，学習させたい概念（**目標概念**（target concept）と呼ぶ）の例が学習システムに与えられ，学習システムはそれらを手がかりにして概念学習を行う．このように，教師から与えられた例に基づいた学習を**例からの学習**（learning from examples）という．一般に，例からの学習では，学習すべき概念に含まれる例である**正例**（positive example）と含まれない**負例**（negative example）の両方がシステムに与えられる．正例と負例を合わせて**訓練例**（training example）と呼ぶ．たとえば，「人間」という概念に対し，「山田さん」「Smith さん」という個々の人間は正例であり，「机」「犬」というのは負例である．また，特に統計的学習では，正例，不例，訓練例は，それぞれ正データ，負データ，訓練データと呼ぶのが一般的である．

また，目標概念を記述するための表現の枠組も与えられており，システムの扱い得るすべての概念はその表現で記述される．ある概念を論理表現や記号などで記述したものを，**概念記述**（concept description）と呼ぶ．学習システムは，概念記述を用いて，与えられた例が目標概念に含まれるか否かを判定できるとする．

概念記述の空間は，訓練例自体に対して，**一般化規則**[9]を再帰的に適用していくことにより構成される．そこに含まれる概念記述は目標概念の仮説として扱われるので，その空間は**仮説空間**（hypothesis space）と呼ばれる．学習システムの目的は，この仮説空間において，すべての正例を含み，すべての負例を含まないような概念記述を探索することである．ただし，訓練例がノイズを含む場合，つまり正負が誤った訓練例が存在する場合は，できるだけ多くの正例を含み，できるだけ負例を含まない仮説の探索になる．

以下に，一般化規則の例を示す．

- □ **条件削除規則**：連言の表現を削除することにより一般化．
- □ **概念木上昇規則**：あらかじめ与えられている，概念の上位-下位関係を表す図 7.1 のような**概念木**（cocept tree）を昇ることにより，下位の概念から上位の概念への一般化を行う．

図 7.2 に，「国立大学の男子の 4 年生」を意味する訓練例 “所属 (国立大学) ∧

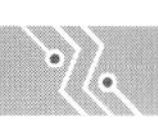

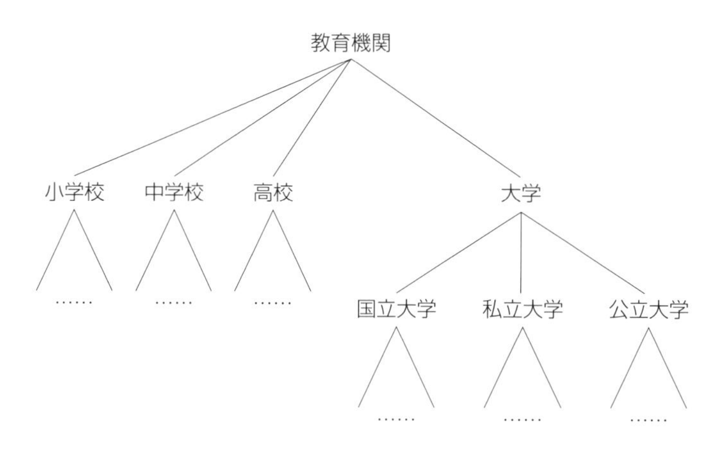

図 7.1　概念木

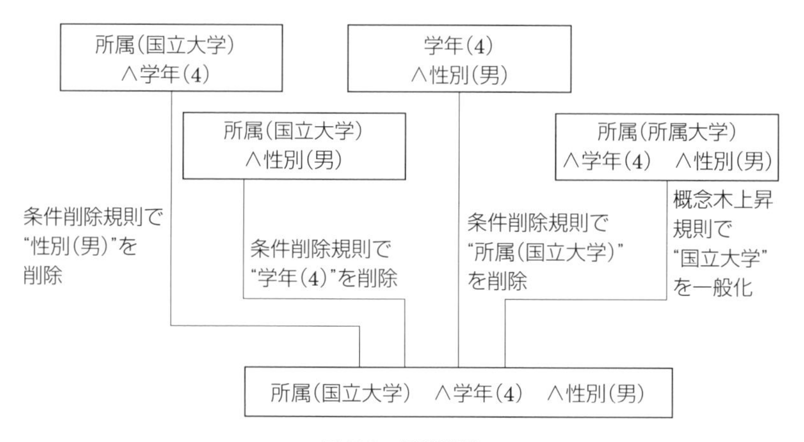

図 7.2　仮説空間

学年 (4) ∧ 性別 (男)" にいくつかの一般化規則を適用して構成された仮説空間の例を示す．図中では，上にいくほど，概念が一般的になっている．また，概念木として図 7.1 が使われている．ただし，図 7.2 は，仮説空間の一部分にしかすぎず，どの一般化規則をどの述語にどの順序で適用するかによって，他にもさまざまな仮説空間が構成可能である．こうして得られた仮説空間は，概念記述間の一般–特殊という階層構造となっている．

7.1.2　バージョン空間法

このような帰納学習の代表的手法が，バージョン空間法（version space method）[10] である．

その最も一般的な記述は，何も条件のない空の記述，つまりすべての訓練例を含む概念記述であり，最も特殊な概念記述は訓練例そのものである．この規則空間のどこかに目標概念があり，その存在範囲は，訓練例を与えることにより絞り込むことができる．バージョン空間（version space）とは，目標概念の存在する可能性のある仮説空間のことであり，最も一般的な概念記述の集合 G と最も特殊な概念記述の集合 S を用いてコンパクトに表現できる．

図 7.3 が，一つの仮説空間とそこに含まれるバージョン空間を表している．訓練例が与えられる前の初期段階では，仮説空間上のすべての概念記述が，目標概念の候補と考えられるため，バージョン空間は，もっとも大きな三角形で表される仮説空間そのものとなる．そして，訓練例が与えられるにつれて，バージョン空間が絞り込まれていく．正例が与えられれば，それを含まないような概念記述は誤っているわけで，バージョン空間から取り除かれる．また，負例が与えられれば，今度はそれを含むような概念記述が，バージョン空間から削除される．このようにして，S と G に挟まれたバージョン空間は，訓練例により徐々に小さくなっていき，訓練例が十分与えられれば，最後には S = G とな

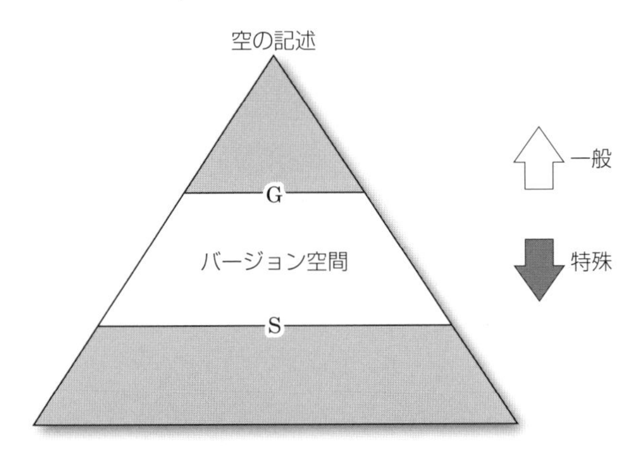

図 7.3　仮説空間とバージョン空間

り，目標概念が一意に決まる．

候補消去アルゴリズム

バージョン空間法は，以下に示す**候補消去アルゴリズム**（candidate-elimination algorithm）[10]により実行される．

Step1. バージョン空間 H = (G, S) を以下のように初期化．

G：最初の正例と無矛盾な最も一般的な記述の集合．

S：最初の正例と無矛盾な最も特殊な記述の集合．

Step2. 新しい訓練例 E を受取り，次の処理を行う．

(Update-S) E が正例のとき：E を含まない概念記述をすべて G から取り除き，E を含むように S を最小限に一般化する．

(Update-G) E が負例のとき：E を含む概念記述をすべて S から取り除き，E を含まないように G を最小限に特殊化する．

Step3. S（または G）が単一要素でかつ G = S となるまで，*Step2* を繰り返す．

Step4. G（= S）が目標概念である．

このアルゴリズムの働きを具体例で説明する．ここでは，目標概念として，「日本人」を学習する．学習の具体的な処理は，「髪の色が黒の日本国籍の人」も，「髪の色が茶の日本国籍の人」も「日本人」であると判定できるように概念記述を一般化することと，「すべての人間は日本人である」という過度に一般的な概念記述を特殊化することである．概念記述は，「国籍」と「髪の色」の二項対（国籍，髪の色）で表現されるとする．

2つの引数「国籍」と「髪の色」の取り得る値が，それぞれ{米国，日本}と{黒，茶，ブロンド}だとする．このとき，考えられるすべての例は，米国 ∧ 黒，米国 ∧ 茶，米国 ∧ ブロンド，日本 ∧ 黒，日本 ∧ 茶，日本 ∧ ブロンドとなる．よって，条件削除規則の適用から得られる仮説空間全体は，図 7.4 のようになる．ANY は，任意の「人間」を表す．

まず，正例として “日本 ∧ 黒”（髪の黒い日本国籍の人）が与えられると，*Step1* によりバージョン空間は下のように初期化される（図 7.5 を参照）．

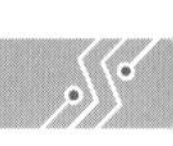

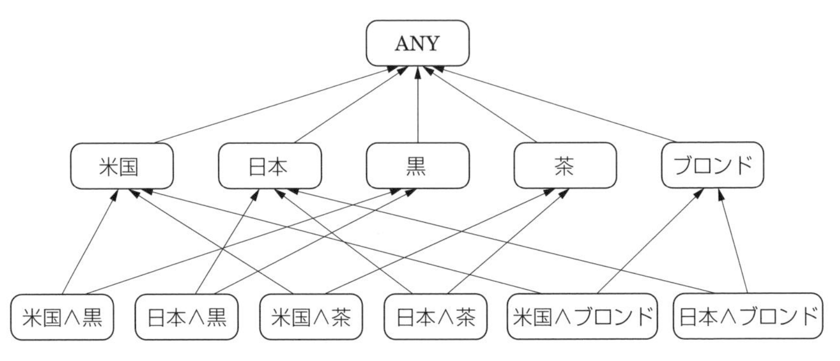

図 7.4 日本人の仮説空間

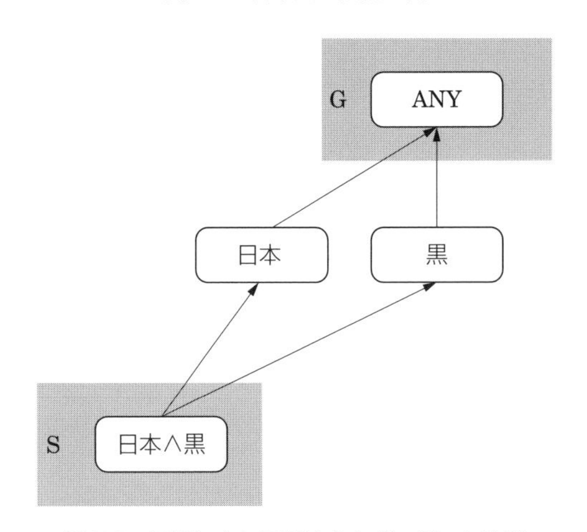

図 7.5 正例により更新されたバージョン空間

$$\boxed{G = \{ANY\} \quad S = \{\text{日本} \wedge \text{黒}\}}$$

次に，負例として“米国 ∧ ブロンド”（ブロンドの米国国籍の人）が与えられると，Update-G が適用され下のようにバージョン空間が更新される（図 7.6 を参照）．このとき，最小限に特殊化するので，$G = \{\text{日本} \wedge \text{黒}\}$ とはならない．

$$\boxed{G = \{\text{日本, 黒}\} \quad S = \{\text{日本} \wedge \text{黒}\}}$$

そして最後に，正例として“日本 ∧ 茶”（茶髪の日本国籍の人）を与えると，Update-S が実行される．まず，G からこの例を含まない“黒”が取り除かれ，

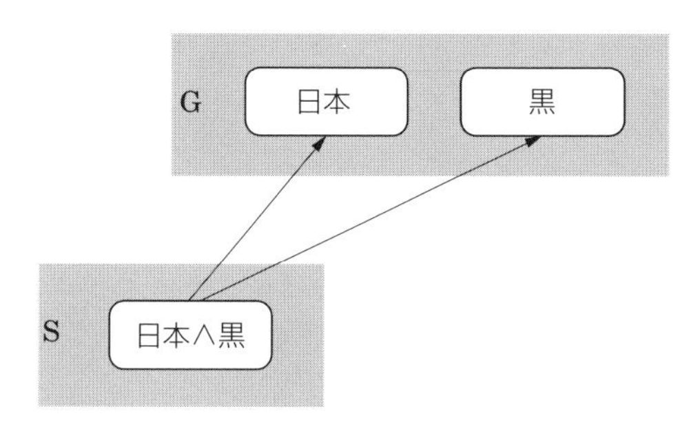

図 7.6 負例により更新されたバージョン空間

S ができるだけ少なく一般化され，下のバージョン空間が得られる．

G = { 日本 }　　S = { 日本 }

この S と G は，*Step3* の条件を満たすので，概念記述 “日本” を目標概念として出力する．

集合 G と S は，それぞれ目標概念の必要条件と十分条件を表していると解釈できるので，バージョン空間法はそれらの条件を訓練例により洗練して，最後に目標概念の必要十分条件を見つける探索であると言える．また，上記のような単純な例においては問題ないが，現実的な規模の問題においては，探索空間が大きすぎて目標概念を見つけるまでに多大な時間が必要となる．これに対しては，バイアスと呼ばれる探索ヒューリスティックを用いた枝刈りが行われる．

7.1.3 バイアス

帰納学習において，バイアス (bias)[14)18)] とは，「膨大な数の概念記述から目標概念を探索するときに使われる探索ヒューリスティックスなどの知識一般」を意味する．このようなバイアスは，非日常的なものではなく，我々が帰納的に学習する局面では必ずといってもいい程使っているものである．ここで簡単な例[14)] を示そう．

今，教師から下のような数字の順序のある対が，正例と負例一つずつ与えられたとする．さて，みなさんは，これらからどのような概念を学習するだろうか．

□ $(1, 2)$ が，一つの正例である．

□ $(-1, -2)$ が，一つの負例である．

上の2つの例からは，おそらくかなり多くの人が，“(連続した) 正の整数の対” という概念を学習するだろう．しかし，当たり前のことながら，上記のたった2つの例に矛盾しない概念は他にもたくさん考えられる．たとえば，以下のようなものである．

- □ 第1要素が，第2要素より小さい整数の対．
- □ 和が正となるような整数の対．
- □ 和が3となるような整数の対．
- □ 和が2より大きくなるような整数の対．
- □ 第1要素が，正の整数の対．
- □ 第1要素が，1である整数の対．
- □ 第2要素が，正の整数の対．
- □ 第2要素が，2である整数の対．

もちろん，上記のもの以外にも多くの概念が考えられる．しかし，我々は，それらの多くの概念の候補の一つに過ぎない “連続した正の整数の対” という概念に固執してしまう傾向がある．これが，まさにバイアスである．バイアスとは偏見であり，我々はこのような偏見によって効率的な学習が可能となる．また反面，思い込みによる誤解に陥ってなかなか抜け出せないこともある．

さて，機械学習システムを構築するときは，このようなバイアスを設計者がシステムに組み込まなければならない．しかし，この作業もエキスパートシステムの知識獲得と同じ困難を伴うものとなる．つまり，人間が上の例で用いたバイアスを形式的に記述することが簡単ではない場合があるということである．

さらに問題となるのが，バイアスの文脈依存性である．つまり，文脈が変化すると，バイアスも動的に変化することが起こる．たとえば，先の例のように，与えられた数字を訓練例として学習する場合においても，その数字が “年齢” を意味しているのか，“価格” を意味しているのか，“身長” を意味しているのかという文脈において，異なったバイアスが必要になるのは容易に想像されるだろう．このように，バイアスが，比較的狭い領域においても，その状況に依存して変化する可能性が示唆されており[9)]，このことも一般的で有効なバイアスの発見を難しくしている要因になっている．

7.2 説明に基づく学習: EBL

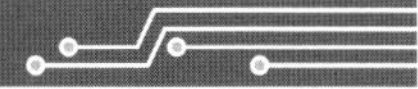

我々がある概念を学習する場合，前節の帰納学習のように教師が学習者に多くの訓練例を与えて考えさせるということは稀で，むしろある典型的な一つの例について，それがなぜ目標概念の正例になるのかを自分で説明する，あるいは説明してもらうことによってその訓練例の一般化を行っている．このような学習法を機械学習で実現したのが，**説明に基づく学習：EBL**（Explanation-Based Learning）である．EBLでは，概念記述のうち説明に関与しない部分を削除し，説明が可能な範囲で変数化を行うことにより一般化ができるので，一つの正例から目標概念が効率よく学習できる．また，一般化した説明を複数のルールの系列を一つにまとめたマクロオペレータとして残しておくことにより，一度説明した問題と同じクラスの問題を次からはより効率良く解けるという効率化学習（speed-up learning）の側面もある．ここでは，EBLの一つのである説明に基づく一般化：**EBG**（Explanation-Based Generalization）[11)3)]について説明する．

7.2.1 説明に基づく一般化：EBG

EBGの構成を以下に示す．なお，ここでは表現としてホーン節（Horn clause）を用いる．$A \leftarrow B \wedge C$ というホーン節の意味は，“BとCが成り立つとき，Aも成り立つ”であり，Aを頭（head），$B \wedge C$ を**本体**（body）と呼ぶ．また，**事実節**（fact clause）とは本体だけのホーン節であり，**規則節**（rule clause）とは頭を持つホーン節である．さらに，以下でパフォーマンス（performance）とは，概念記述を用いた問題解決の性能を意味する．

<入力>

□ **目標概念（target concept）**：学習すべき目標概念を頭として持つ規則節．

□ **訓練例（training example）**：目標概念の正例であり，帰納学習の正例と同じ．事実節からなる論理式で表現される．

□　**領域理論**（domain theory）**：**論理的証明として説明を生成するに必要な知識．事実節と規則節で記述される．説明の途中で用いられる要素となる概念などを表現する．

□　**操作性基準**（operationality criterion）**：**学習された概念記述が満たすべき基準．

<出力>

□　**操作可能な概念記述**（operational concept description）**：**操作性基準を満たす目標概念の記述．

<手続き>

(1) 説明の生成　(2) 一般化　(3) マクロ化

入力のうち理解しにくいのが，操作性基準である．**操作性**とは，「学習された概念記述により問題解決が効率化する度合い」と考えられ，概念記述 A を用いたパフォーマンスが，概念記述 B を用いたものより効率が上がる場合，A は B よりも**操作性**が高いとする．そして，操作性を上げるために概念記述が満たすべき条件を操作性基準という．EBL では，領域理論により学習前でも正例負例の識別はできるが，その時点での目標概念の記述は操作性が低く，学習された概念記述は操作性が高くなり**操作可能**（operational）になったとする．なお，操作性基準は，目標概念の本体に用いてよい述語の集合で記述される場合が多い．

EBG を“椅子”という目標概念を学習する例を用いて説明する．その入力は，以下のようになる．

□　**訓練例（正例）：**色（白）$\wedge$ 高さ (40) $\wedge$ 底面積 (800)

□　**目標概念：**椅子 $\leftarrow$ 座れる $\wedge$ 安定．　　$\cdots$ (1)

□　**領域理論：**

座れる $\leftarrow$ 高さ (H) $\wedge$ 範囲 (30, H, 60)　　$\cdots$ (2)

安定 $\leftarrow$ 底面積 (S) $\wedge$ 範囲 (600, S, 900)　　$\cdots$ (3)

範囲 (A, X, B) $\leftarrow$ $A < X \wedge X < B$　　$\cdots$ (4)

□　**操作性基準：**目標概念の本体は，事実節（$<$ のような算術式も含む）で記述されなければならない．つまり，目標概念が，$A \leftarrow B \wedge \cdots \wedge C$ で

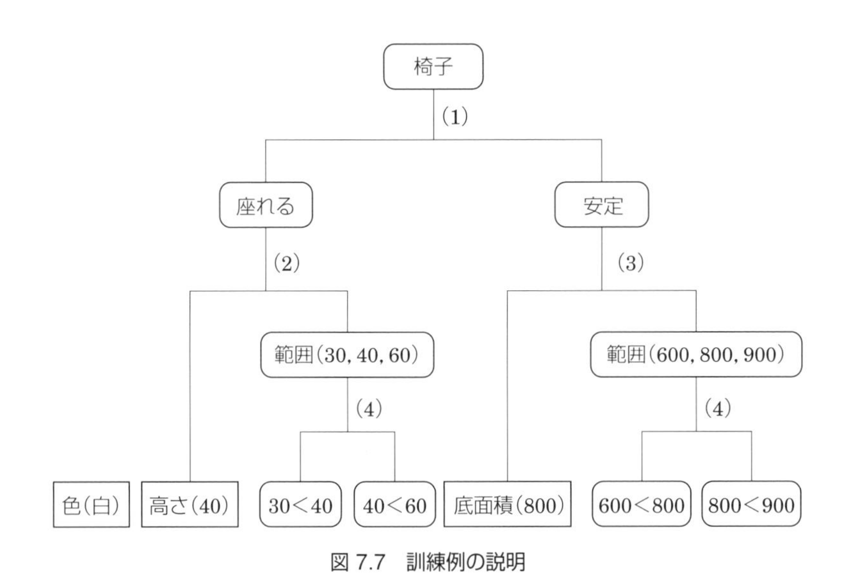

図 7.7　訓練例の説明

あるとき，B, ⋯, C は，すべて事実節でなければならない．

以上が EBG の入力である．これらを用いて，以下の処理を行う[11]．

(1) 説明の生成

まず，訓練例と領域理論を用いて，目標概念を**目標節**（goal clause）とした**証明木**（proof tree）をつくる．証明木とは，事実節あるいは規則節の本体の述語をノードとし，規則節をアークとした木構造のことであり，ある目標節がどのように証明されたかを表現している．EBL では，この証明木を**説明**（explanation）と呼ぶ．説明は，定理証明で自動的に得られるが，EBL では必ずしも学習システム自身の説明生成を仮定しておらず，説明が外部から与えられてもよい．ここでの例では，図 7.7 のような説明が得られる．図中で，四角が訓練例であり，リンクの番号は適用されたルールの番号を表す．目標概念に無関係な述語である“色”が説明に関与していないため，概念記述から取り除かれるのがわかる．

(2) 一般化

得られた説明の一般化は，以下の手続きで行われる．

1. 説明の生成に用いられた領域理論の規則節を用いて，説明を目標概念か

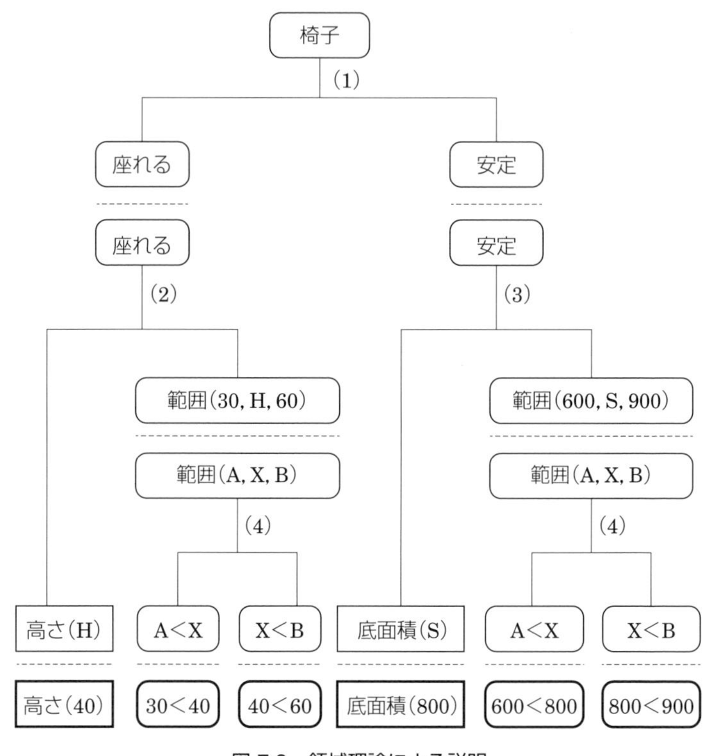

図 7.8　領域理論による説明

ら後ろ向きに再構成する．

2. 説明から操作性基準を満たす述語を根とする部分木を取り除く．
3. 規則節を構成している述語の引数間の**単一化**（unification）を行う．

ここで重要なのは，説明のどの部分木を一般化するかにより一般化の結果も違ってくることである．図 7.7 から 1. の処理で再構成された説明を図 7.8 に示す．さらに，事実節で記述するという操作性基準により，図 7.8 の説明木の葉（太枠のノード）が削除され，破線の上下の対応する引数間で単一化がなされる．そして，一般化された説明を図 7.9 に示す．

(3) マクロ化

最後に，概念記述を生成する．概念記述の頭は，一般化された説明の根であ

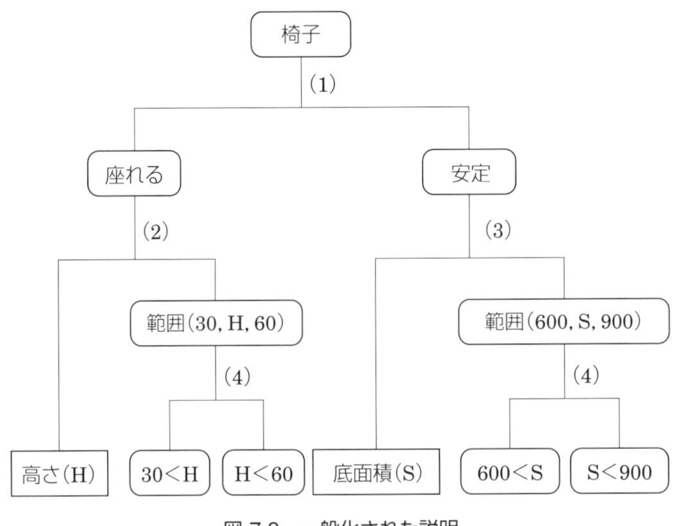

図 7.9 一般化された説明

り，本体は操作性基準を満たす述語（ここでは説明の葉）の連言となる．途中の中間仮説は，葉がすべて真であれば領域理論より必ず証明される．よって，マクロ化では，中間仮説が取り除かれることにより，効率向上が図られる．そして，下の目標概念の記述が得られる．

椅子 ← 高さ (H) ∧ 30 < H ∧ H < 60∧ 底面積 (S) ∧ 600 < S ∧ S < 900

EBG では，操作性基準をいかに設定するかが問題となる．たとえば，“椅子”の例でも，“頑強”と“材質（木)”の間で説明を切って一般化しマクロ化すると，材質が金属の場合にも適用できる，より一般性の高い概念記述が得られる．

7.2.2 マクロオペレータ学習システム

以上で，EBL が概念記述をどのように獲得するかについて説明した．しかし，実際の学習システムでは，こうして得られた概念記述を用いて，問題解決を行わなければならない．そのためには，学習された概念記述（マクロオペレータ）と既存の領域理論をいかに使い分けるかが問題になる．通常は，学習されたマクロオペレータが，領域理論よりも優先して適用される．そうしなければ，マクロオペレータを学習する意味がない．

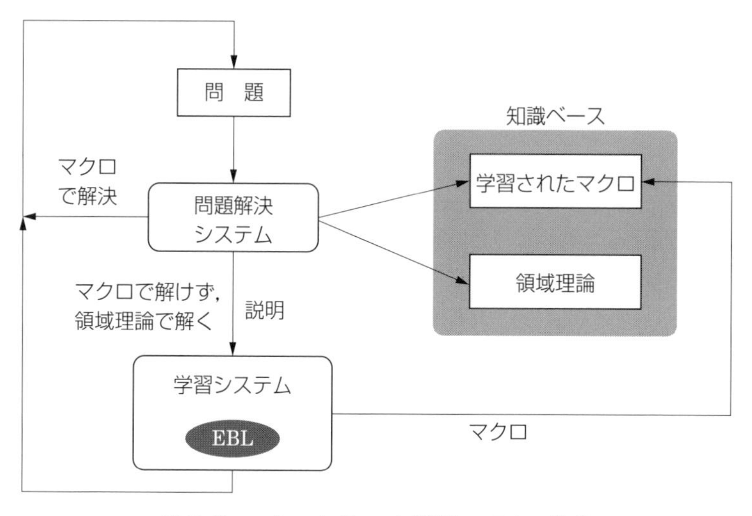

図 7.10 マクロオペレータ学習システムの構成

図 7.10 に，基本的なマクロオペレータ学習システムの構成を示す．EBL は，一つの概念記述については１つの訓練例（正例）で学習可能であるが，複数の概念記述が学習される場合は訓練例も複数個要ることになる．マクロオペレータ学習の場合，問題が一つだけでなく複数個からなる系列で与えられ，徐々に問題解決が効率化されていく．最初に，問題解決システムに訓練例が与えられる．そして，問題解決システムは，まずその問題を学習されたマクロオペレータを使って解こうと試みる．そして，マクロオペレータで解ければ，学習は行われず，次の訓練例が与えられる．もし，マクロオペレータで解けない場合，次に問題解決システムは，領域理論を用いて解こうとする．マクロオペレータ学習及び EBL では与えられる問題が領域理論で解けることが前提となっているので，問題は解決され，その解決過程（説明）を EBL 学習システムに渡してマクロオペレータが新たに学習され，知識ベースに蓄えられる．

7.3 決定木の帰納学習

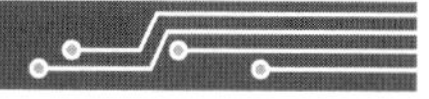

対象の属性値とそれが属するクラス（集合）の対であるデータから，それぞ

れデータをクラスに分類する**決定木**（dicision tree）を自動的に生成するのが，決定木による分類学習である．決定木とは，中間ノード（葉以外のノード）がテストされるべき**属性**（attribute）を，枝がその**属性値**（attribute value）を，また葉ノードがクラスを表している木構造である．このような中間ノード，葉ノードをそれぞれ**識別ノード**，**クラスノード**と呼ぶことにする．たとえば，結婚相手の条件を表す表 7.1 の属性値からは，図 7.11 のようにこれらのデータを完全に識別できる決定木をつくることができる．一般にデータの量が大きく増加しても，決定木のサイズはそれほど大きくならないことから，決定木はコン

表 7.1　属性と属性値

身長	収入	学歴	クラス
低い	普通	高い	＋
高い	少ない	低い	−
高い	少ない	高い	−
高い	多い	高い	＋
低い	少ない	高い	−
高い	多い	普通	＋
低い	普通	普通	−
高い	普通	普通	−

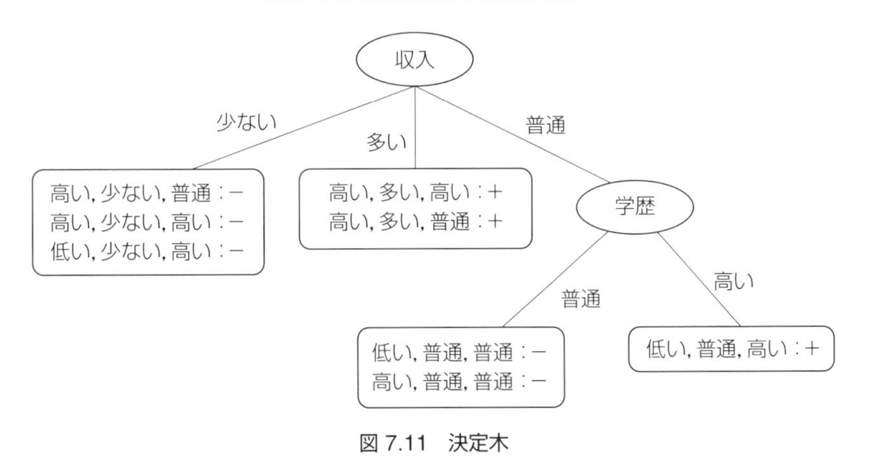

図 7.11　決定木

パクトな表現となっている.

ID3 による決定木の生成

データを正しいクラスに分類する決定木を生成する方法を説明する. ここでは, 代表的な決定木による分類学習システムである ID3[13)] について述べていく. ID3 では, 空の決定木から始まって, すべてのデータが正しく分類できるような決定木が得られるまでノードを付け加えていくことにより, 徐々に決定木を精密化していく. ここで注意すべき点は, データを正しく分類する決定木が複数個存在することである. このような場合, 分類の効率や決定木の一般性を考えて, できるだけ単純な決定木を生成することを目指す. ID3 では, そのような決定木が情報理論に基づき生成される.

ID3 では, まず, 根ノードであるすべてのデータの集合 C を入力として, 以下のアルゴリズムが適用される.

決定木生成アルゴリズム

Step1：集合 C 中のすべてのデータが同一クラスに属するなら, そのクラスノードをつくり, 停止する. それ以外なら, **属性の選択基準**により一つの属性 A を選んで識別ノードをつくる.

Step2：属性 A の属性値により C を部分集合 $C_1, C_2, \cdots, C_n$ に分けてノードをつくり, 属性値の枝を張る.

Step3：それぞれのノード C_i $(1 \leq i \leq n)$ について, このアルゴリズムを再帰的に適用する.

できるだけ単純な決定木を生成するためには, *Step1* での属性の選択基準が重要であるが, ID3 では情報理論的基準を用いて分類におけるテスト回数をできるだけ少なくすることを目指している. まず, 決定木は, 質問による分類によってデータ集合をよりランダムさの少ない集合に分割していくと考える. よって, ランダムさを測る基準の一つである**情報量**（エントロピー, 単位は, *bit*）を用いて, 最もランダムさを減少させる質問を *Step1* で選択することが有効である.

$+$ と $-$ の 2 つのクラスだけを考え, それぞれのメッセージの事前確率を p^+, p^- としたときに, その情報量の期待値は, $-p^+ \log_2 p^+ - p^- \log_2 p^-$ となる.

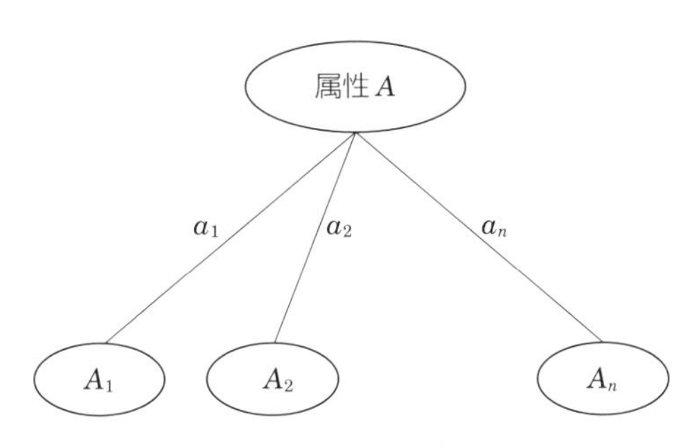

図 7.12 部分決定木

また，これらの確率はそのクラスに属しているデータの割合で近似できる．

いま，データ集合 C の決定木の情報量の期待値を $M(C)$ とし，次にテストすべき属性として A が選択されたとすると，その A を根とする部分決定木は図 7.12 のようになる．属性 A の値 $a_i (1 \leq i \leq n)$ は互いに排他的なので，属性 A でテストした場合の情報量の期待値 $B(C, A)$ は，

$$B(C, A) = \sum_i (\text{属性 } A \text{ が値 } a_i \text{ をとる確率}) \times M(a_i)$$

となる．そして，最も多くの情報量を減少させる属性が好ましいので，$M(C) - B(C, A)$ を最大にする属性 A が選択される．例として，表 7.1 について計算してみると，クラス + と − に属するデータ数が 3 と 5 であるから，$p^+ = \frac{3}{8}$，$p^- = \frac{5}{8}$ となり，$M(C)$ は以下のように表される．

$$M(C) = -\frac{3}{8}\log_2\frac{3}{8} - \frac{5}{8}\log_2\frac{5}{8} = 0.954 \text{ bit}$$

属性 “身長” でテストした結果は，図 7.13 のようになる．値が “高い” あるいは “低い” である場合にさらにそれらを分類するとき，それぞれの情報量は以下のようになる．

$$\text{高い：} -\frac{2}{5}\log_2\frac{2}{5} - \frac{3}{5}\log_2\frac{3}{5} = 0.971 \text{ bit}$$
$$\text{低い：} -\frac{1}{3}\log_2\frac{1}{3} - \frac{2}{3}\log_2\frac{2}{3} = 0.919 \text{ bit}$$

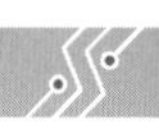

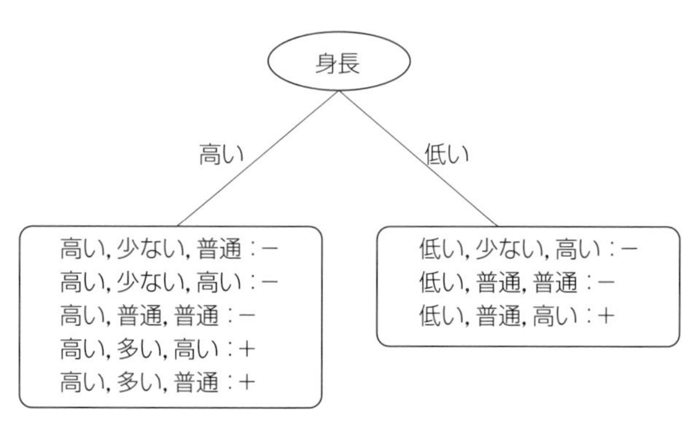

図 7.13 "身長" による決定木

よって，属性 "身長" により得られる情報量の期待値は，以下のようになる．

$$B(C, \text{身長}) = (\text{“身長” が高い確率}) \times M(\text{高い}) + (\text{“身長” が低い確率}) \times M(\text{低い}) = \frac{5}{8} \times 0.971 + \frac{3}{8} \times 0.919 = 0.952 \text{ bit}$$

そして，$M(C) - B(C, \text{“身長”}) = 0.954 - 0.952 = 0.002$ bit が得られる．属性 "収入"，"学歴" についても同様に計算すると，$M(C) - B(C, \text{“収入”}) = 0.61$ bit，$M(C) - B(C, \text{“学歴”}) = -0.11$ bit が得られ，"収入" を選択すればいいことがわかる．後は，同様にこれらの手続きを繰り返し適用することにより，全体の決定木が得られる．

また，ID3 には多くの改良版が作られている．ここでは，データはすべて正しく，誤ったクラス分けはされないという前提があるが，多少の間違ったデータを含む，つまりノイズを含むデータにも対応できるシステム[12)]や，バッチ的にデータを一度にまとめて与えるのではなく，少しずつ与えて徐々に学習が進むインクリメンタル（incremental）な決定木の修正[15)]等の研究がある．

7.4 強化学習

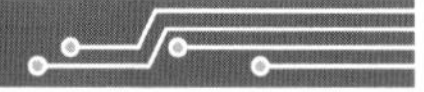

これまで説明してきた機械学習では，ある概念に含まれる正例とそうでない

負例が直接教師から与えられていた．しかし，一般の学習を考えると，このような教師の存在しない場面も多い．たとえば，鼠の迷路の学習を考えてみよう．出発点からスタートした鼠は，目標である餌のあるゴールにたどり着けるような道順を学習しなければならない．そのためには，餌に至るまでの道の分岐点でどの道に進むかを学習する必要がある．しかし，学習に関して鼠に与えられる情報は，各分岐点でこちらに進めばよいという教師からの直接的な情報ではなく，分岐点でいろいろな道を選んで試行錯誤した後にたまたまゴールにたどり着いたときに与えられる餌だけである．ここでは，各分岐点での道の選択が餌にたどり着くことにより始めて評価されるわけであり，評価に時間遅れがあることを意味する．このような時間遅れがある評価に基づいて学習を行う枠組が，**強化学習**（reinforcement learning）と呼ばれるものである．

強化学習で多く用いられる枠組を図 7.14 に示す．学習する主体であるエージェントには，環境の記述である**状態**（state）とそこでとり得る**行為**（action）のペア（ルール）の集合が与えられている．さらに，それぞれのルールは，そ

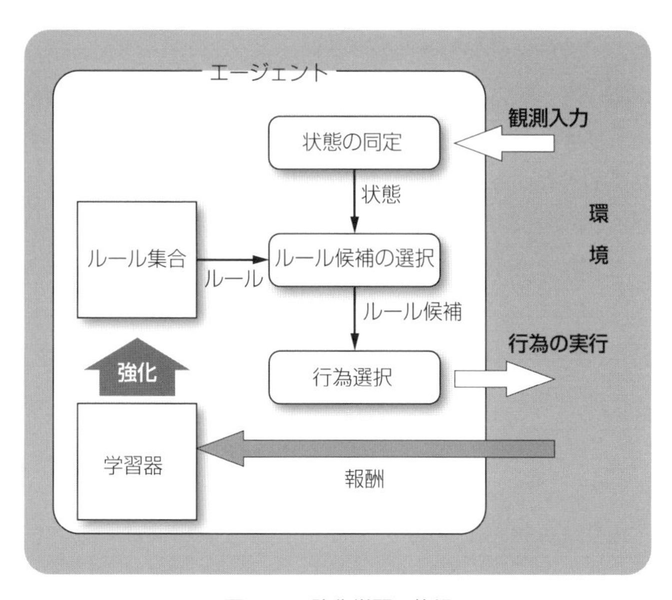

図 7.14　強化学習の枠組

れがどの程度有効であるかを示す**評価値**（credit）を持つ．まず，環境からの情報に基づき現在自分のいる状態を同定する．そして，その状態に対して適用可能な候補ルールを選択する．次に，候補ルールのうちから適切な一つのルールを選択し，その行為を実際に環境に対して実行する．このルールの選択は，**行為選択**（action selection）と呼ばれ，評価値が最も高いものを選ぶ，評価値に比例した確率で選ぶなどの方法がある．行為を実行した結果，ときおり環境から**報酬**（reward）が得られる．また，得られた報酬と実行された行為などを基にして，ルール集合のルールを**強化**することにより学習が行われる．実際は，ルールに評価値が割り当てられており，その値を更新することにより強化がなされる．エージェントは，このサイクルを繰り返す．

学習の目的は，できるだけ少ないコストで多くの報酬を得るような行動をとれる強化を行うことである．先の鼠の学習では，各分岐点が状態に，行為がその分岐点である道に進むことに対応し，当然のことながら餌が報酬に当たる．なお強化学習の研究では，必ずしも報酬が行為の実行毎に得られる保証がない場合（評価の時間遅れ），さらに行為を実行したときに遷移する状態が決定論的でなく確率的である場合を扱うものが多い．

7.4.1　Q 学 習

理論的基盤を持つ強化学習の代表的アルゴリズムが，**Q 学習**（Q-learning）[16]である．Q 学習では，先に示した強化学習の対象とする問題を**マルコフ決定過程**（Markov Decision Process）として扱う．マルコフ決定過程は，状態 s の集合，それぞれの状態で取り得る行為 a の集合，状態 s で行為 a を実行した場合に状態 s' に遷移する状態遷移確率 $Pr(s, a, s')$，そして状態 s で行為 a を実行したときに得られる報酬 $r(s, a)$ で記述される．

マルコフ決定過程は，図 7.15 のような状態遷移図で表現できる．図中でノードは状態，アークは行為を表し，枝分かれしたアークは一つの行為で複数の状態遷移がアークに付随した確率で起こり得ることを意味する．また，△が報酬の値と与えられる遷移を意味する．なお，マルコフ決定過程では，状態遷移確率は，現在の状態 s のみに依存し，それ以前にどのような状態をたどってきたかには依存しないこと（マルコフ性），状態遷移確率は時間的に変動しない（定

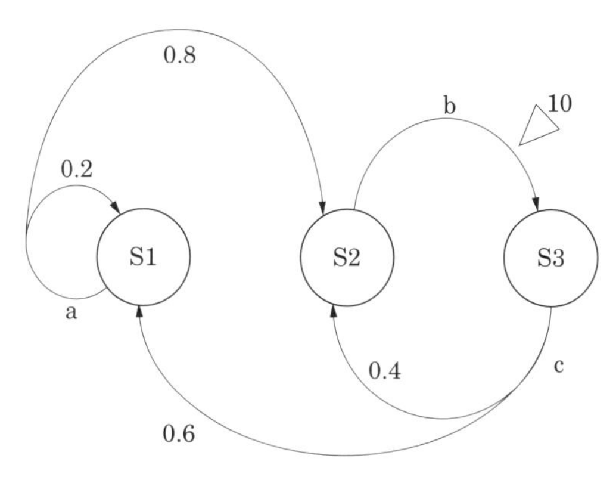

図 7.15　マルコフ決定過程

常性）などが仮定されている．

各状態から行為への写像を**政策**（policy）という．政策 π のときの各状態 s は，s から政策 π に従って行動していった場合の将来得られるであろう報酬を割り引いた割引期待報酬 V によって評価される．このとき，V は下式を満たす．

$$V(s,\pi) = r(s,\pi(s)) + \gamma \sum_{s'} P(s,\pi(s),s')V(s',\pi) \qquad (7.1)$$

上式で，$\pi(s)$ は，状態 s で政策 π により選択される行為を意味する．また，γ $(0 \leq \gamma \leq 1)$ は，割引率と呼ばれ，将来の報酬をどの程度割り引いて評価するかを決めるために用いられる．ここで，報酬 $r(s,\pi(s))$ は，各行為の実行毎に得られてもよいが，強化学習の特徴である評価の遅れを扱う場合は，ゴールにたどり着いたときにだけ報酬を与えるように設定すればよい．各状態において，割引期待報酬 V を最大にする政策を**最適政策**（optimal policy）といい，直観的にはこの政策に従って行為を選択するとき，できるだけ少ないコストで最大の報酬を得ることができると言える．

マルコフ決定過程では，状態遷移確率，報酬，そして割引率が既知である場合，最適政策を妥当な計算量で求めるアルゴリズムが知られている．しかし，前述のように強化学習では，状態の同定はできても，状態遷移確率は未知であるとする．このような条件で，最適政策を学習するのが，Q 学習である．Q 学習

では，状態と行為のペアである個々のルールの評価値として，**Q 値**（Q value）と呼ばれる評価値を用いる．そして，さまざまな状態で実際に行為を実行してそのとき得られる報酬を基に，Q 値を更新していくことにより強化が行われる．その際の Q 値の更新式を下に示す．

$$Q(s,a) \leftarrow (1-\alpha)Q(s,a) + \alpha(r(s,a) + \gamma \max_{a'} Q(s',a')) \tag{7.2}$$

α は学習率で，0〜1 の値をとる．十分な回数の試行により Q 値が収束すると，各状態において Q 値最大のルールを選択する政策が，最適政策に一致することが証明されている[16]．つまり，ある状態である行為を実行して状態遷移することを十分な回数行えば，後は各状態で Q 値最大の行為を実行することにより，割引期待報酬最大という意味での最適な行動をとれるわけである．

7.4.2 バケツリレーと利益共有

Q 学習のような理論的基盤を持たない半面，より広い対象領域をもつ強化学習として，バケツリレーアルゴリズム[7] と利益共有[6] がある．

バケツリレーアルゴリズム

バケツリレーアルゴリズム（bucket brigade algorithm）では，図 7.14 のように時刻 t の状態に適用可能なルールが選択される．そして，それらのルールが，自分の持つ評価値とそのルールの特殊性を基に計算される下式のような競り値 $B(C,t)$ で入札（bid）を行う．ここで，$E(C,t)$ は，時刻 t におけるルール C の評価値である．そして，定数 β は，1 よりも小さい正の値であり，評価値のどの程度の部分を競り値にするかを決定する．

$$B(C,t) = \beta E(C,t)$$

適用可能なルールのうち，最も高い競り値を持つルールが選択され，適用される．このとき，そのルール C の評価値は，下式のように更新され，競り値分だけ評価値を失う．

$$E(C,t+1) = E(C,t) - B(C,t)$$

そして，この競り値 $B(C,t)$ は，直前に適用されたルール C' に渡され，下式のようにその評価値に加算される.

$$E(C', t+1) = E(C', t) + B(C, t)$$

また，ルール C を実行の結果，環境から報酬が得られた場合，その報酬は C の評価値に加算される.

ここで，具体例でバケツリレーアルゴリズムの働きを見てみよう．今，表 7.2 のようなルールがあり，それぞれ表中のような評価値を持っているとする．表中の A，B，C は状態を表し，X，Y，Z は行為である．また，競り値の計算式の β は，0.5 とする．今，時刻 0 で環境の観測より，状態が A であったとする．このとき，適用可能なルールは，条件部が A である R1 と R2 の二つである．ここで，競りが行われ，$\beta = 0.5$ なので R1 と R2 の競り値はそれぞれ $B(\mathrm{R1}, 0) = 50$，$B(\mathrm{R2}, 0) = 25$ となる．よって，R1 が競りに勝ち，R1 の結論部の行為 X が環境に対して実行され，そのかわり競り値 $B(\mathrm{R1}, 0) = 50$ を失う．その結果，時刻が 1 になり，各ルールの評価値は表 7.3 のようになる.

次に，時刻 1 で環境の観測から状態が B になっていることがわかると，今度は適用できるルール R3 が競り値 $B(\mathrm{R3}, 1) = 70 \times 0.5 = 35$ を宣言する．他に

表 7.2 ルール集合

ラベル	ルール	評価値 $E(\mathrm{R}n, 0)$
R1	A → X	100
R2	A → Y	50
R3	B → X	70
R4	C → Z	40

表 7.3 評価値の更新されたルール集合

ラベル	ルール	評価値 $E(\mathrm{R}n, 1)$
R1	A → X	50
R2	A → Y	50
R3	B → X	70
R4	C → Z	40

表 7.4 さらに更新されたルール集合

ラベル	ルール	評価値 $E(\mathrm{R}n, 2)$
R1	A → X	85
R2	A → Y	50
R3	B → X	50
R4	C → Z	40

適用可能なルールがないので R3 の結論部の行為 X が実行され，R3 の評価値は 35 だけ減少する．そして，その減少分の 35 は，一つ前に適用されたルール R1 に加算される．次に，今環境から報酬が 15 得られたとする．この報酬は，直前に適用された R3 のみに評価値として加算される．よって，その結果それぞれのルールの評価値は，表 7.4 のように更新される．

バケツリレーアルゴリズムの特徴は，環境からの報酬がない場合でも，適用されたルールは，次に適用されたルールの競り値により強化されることである．また，環境からの報酬で強化されるのは，直前に適用されたルールのみである．ただし，これらの強化方法で適切な行動を行うように学習が進む保証はない．なお，このバケツリレーアルゴリズムによる強化学習は，8.2.3 節の分類子システムの学習方式として使われた[7]．

利益共有法

利益共有法（profit sharing）では，報酬を得られた直後から次に報酬を得られるまでに実行されたルールの系列である**エピソード**（episode）を残しておく．そして，報酬が与えられる毎に，その報酬を得るに至ったエピソード中のすべてのルールの評価値を更新する（図 7.16）．また，得られた報酬の値をどのようにルールに分配するかは，均等に分配する方法や，減少させながら過去にさかのぼって分配する方法などがある．エピソードに含まれるルール全体の評価値を一気に更新するため，学習効率がよい半面，更新のコストがかかる．

以上のような評価値の更新により，各ルールの評価値が強化されていき，学習が行われる．直観的には，よく使われる分類子，さらにその行為に対して外部からの報酬がある分類子が，より強く強化される傾向にある．

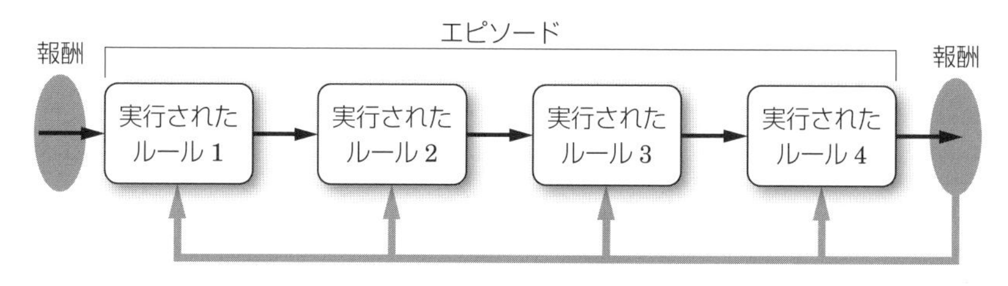

図 7.16　利益共有法のエピソード

7.5　Nearest Neighbor 法

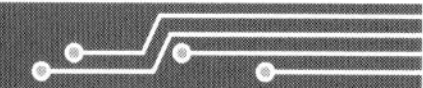

前述の帰納学習，ID3 などは，例をクラスに分類する**分類問題**を扱っている．そして，学習結果の表現である述語，決定木は，訓練例そのものではなく，より抽象化された表現である．これに対し，正解付きの過去の訓練データそのものを抽象化することなく**事例**（instance）として蓄えておき，新しいデータとその訓練データの比較を行い，最も類似している訓練データと同一のクラスであるとして分類を行うことが可能である．このような方法による分類の代表的手法が，Nearest Neighbor 法である．

Nearest Neighbor 法[2)] は，基本的には，既に蓄えられている訓練データから，今与えられた例と類似した事例を見つけるために用いられるが，その訓練データが属するクラスを与えられているとすれば，分類問題に素直に適用可能である．その手続きは，以下のようになる．

1. 訓練データを蓄える．
2. 分類すべきテストデータが与えられる．
3. テストデータと最も類似した訓練データ探し，その訓練データのクラスと同じクラスにテストデータを分類する．

上の Step 3 で，類似した事例を求めるために，事例間の**類似度**（similarity）を定義する必要がある．一般には，特徴ベクトルで表されたデータを多次元空間上の点と考えて，訓練データの点とテストデータの点との**ユークリッド距離**や原点を始点としてそれらの点を終点とするベクトルのなす角度や余弦を用いる．

具体的な例を用いて，Nearest Neighbor 法を説明しよう．表 7.5 のような訓

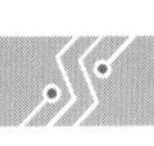

練データが既に蓄えられているとする．ID3 の場合と同じように，データは，**属性**，**属性値**の集合とそのデータが属するクラスで記述されている．いま，分類したいデータ（テストデータと呼ばれる）T が与えられたとし，その属性値がそれぞれ，属性 $1 = 2.0$，属性 $2 = 3.1$，属性 $3 = 29.9$ とする．このとき，Nearest Neighbor 法では，このテストデータ T と既に蓄えられている訓練データ $I_i \in \{I_1, I_2, I_3, I_4\}$ のそれぞれとの距離 d（3 次元空間のユークリッド距離）を下式により計算し，それが最小の訓練データを見つける．なお，下式において，$v_j^{I_i}$ と v_j^T は，それぞれ訓練データ I_i の属性 j の値，テストデータ T の属性 j の値である．

$$d(I_i, T) = \sqrt{\sum_j (v_j^{I_i} - v_j^T)^2}$$

表 7.5 の場合，$d(I_1, T) = 14.6$，$d(I_2, T) = 9.43$，$d(I_3, T) = 4.45$，$d(I_4, T) = 15.0$ なので，距離最小の訓練データは I_3 となる．よって，テストデータ T は，最も類似している訓練データ I_3 と同じクラス B に分類される．

表 7.5　事例データベース

事例	属性 1	属性 2	属性 3	クラス
I_1	1.2	3.3	44.5	A
I_2	2.2	0.3	20.9	B
I_3	1.4	2.8	34.3	B
I_4	3.4	4.0	15.0	A

このように，Nearest Neighbor 法において，属性数 n の各データは，n 次元空間上の一点に対応し，テストデータもまた一点に対応する．そして，テストデータが与えられたときに，n 次元空間上でテストデータの点と各訓練データの点との距離を計算して，最も類似した事例を見つけている．Nearest Neighbor 法は，クラスの境界線を明示的に持たないが，たとえば 2 つの属性からなる事例を扱う場合，図 7.17 の実線のような境界線を持っていると考えられる．図中で，白い点と黒い点はそれぞれ別のクラスに属する事例の点を表す．また，図中の破線および実線は，**ボロノイ図**（voronoi）と呼ばれ，各事例 2 点間を結

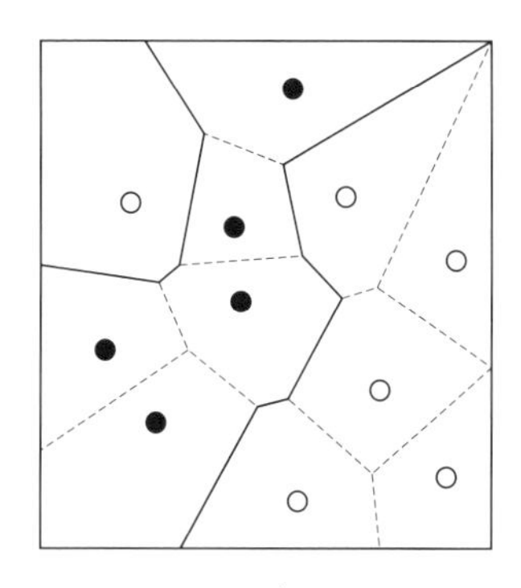

図 7.17 ボロノイ図

ぶ線分の垂直 2 等分線をつなぎ合わせたものである．線形の識別関数や ID3 では，図 7.17 の事例を正しく分類する境界線を引くことはできないが，Nearest Neighbor 法では，図のように境界線が引くことが可能である．なお，バックプロパゲーションを用いたニューラルネットワークや後述する非線形サポートベクターマシンでも，Nearest Neighbor 法と同様に，複雑な境界線をもつ分類問題を解くことができる．

また，ここでの例では，最も類似した事例一つだけを用いて試験例を識別した（**1-Nearest Neighbor** 法と呼ばれる）が，一つではなく，最も類似した k 個の事例を求めて，それらの最大多数のクラスを解とすることも考えられる．このような方法は，***k*-Nearest Neighbor** 法と呼ばれ，1-Nearest Neighbor 法よりもノイズに対して頑健であるため，より一般的に利用されている．

以上のように，優れた性質をもつ Nearest Neighbor 法であるが，いくつかの問題点もある．まず，分類精度を向上させるために非常に多くの訓練データを蓄える必要があるため，その蓄積に大きなメモリ容量が必要であること．次に，事例の増加と共に，テストデータと訓練データの類似度の計算コストが大きくなることが挙げられる．さらに，分類に役に立たないような属性も他の属性と等しく重要に扱うことが指摘されている．

7.6 サポートベクターマシン

訓練データから分類学習を行う枠組みは，2つのクラスを識別できる識別関数を求める問題と考えることもできる．しかし，その識別関数の形と係数をいかに決めるかは難しい問題であり，この問題に対してこれまで様々な手法が研究されてきた．

サポートベクターマシン (SVM: Support Vector Machines)[19)1)] は，正データと負データからの距離を最大にして真ん中を通る識別関数を解析的に求めることができ，さらにカーネルトリックにより，非線形の識別関数も学習可能であるアルゴリズムである．ここでは，まず基本となる**線形 SVM** の動作原理を説明する．

今，2つのクラス A, B に属する m 次元ベクトルで表された訓練データ $\boldsymbol{x_i} = (x_1, \cdots, x_m)$ が n 個あり，それらの属するクラスラベルを $y_1, \cdots, y_n$ とする．訓練データが，クラス A に属していると $y = 1$，クラス B だと $y = -1$ とする．このとき線形識別関数 $f(x)$ は，次式のように表される．w_i は重みと呼ばれ，ベクトル $\boldsymbol{w} = (w_1, \cdots, w_m)$ は重みベクトル，b はバイアス項である．また，$f(\boldsymbol{x}) = 0$ となる識別境界は，$(m-1)$ 次元の超平面となり，$f(\boldsymbol{x}) > 0$ のとき，データはクラス A，$f(\boldsymbol{x}) < 0$ のとき，データはクラス B と識別される．

$$f(\boldsymbol{x}) = \boldsymbol{w}^T \boldsymbol{x} + b \tag{7.3}$$

図 7.18 に 2 次元のデータで線形分離可能な例を示す．この場合，式 (7.3) の線形識別関数は直線となり，その直線で 2 つのクラス A, B に属する訓練データが図のように分離できる．また，二重丸は，識別関数に最も近い訓練データである．ここで，訓練データを分類できる線形識別関数は無数に存在するが，どれを選択すべきかが問題となる．SVM では，「真ん中に線引きをする」という基準に基づき，データが入っていないマージン領域と呼ばれる領域で，そのマージンが最大のものの中点上にある識別関数を選択する（図 7.18）．この基準は直感にあうこと，さらに学習理論による裏付けが示されている点が，SVM の特徴となっている[19)]．次に，以下のように識別関数を求めていく．

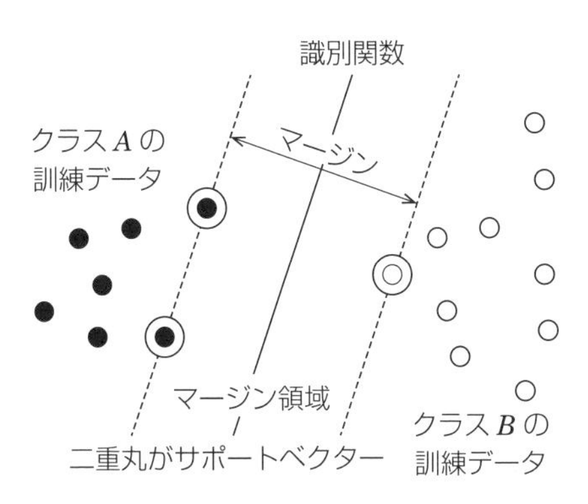

図 7.18　線形分離可能なデータとマージン

データ $\boldsymbol{x}$ と識別超平面との距離は，$\frac{|\boldsymbol{w}^T\boldsymbol{x}+b|}{||\boldsymbol{w}||}$ であり，簡単化のために，$\min_i |\boldsymbol{w}^T\boldsymbol{x_i}+b| = 1$ という制約を導入すると，訓練データと識別超平面の最小距離は次式のようになる．

$$\min_i \frac{|\boldsymbol{w}^T\boldsymbol{x_i}+b|}{||\boldsymbol{w}||} = \frac{1}{||\boldsymbol{w}||}$$

マージン最大の線形識別関数は，全ての訓練データを正しく識別でき（制約条件），訓練データと識別超平面の最小距離を最大にする $\boldsymbol{w}, b$（目的関数）から求まるので，$||\boldsymbol{w}||^2$ については最小化となり，この最適化は次式のように表される．

目的関数：$||\boldsymbol{w}||^2 \to$ 最小化

制約条件：$y_i(\boldsymbol{w}^T+b) \geq 1 \quad (i=1,\cdots,m)$

そして，この最適化問題は，ラグランジェの未定常数法で解くことができ，大域的な最適解を得る．最終的に，識別関数は次式 (7.4) のように求められる．ここで，α_i^* はラグランジェ係数の最適解であり，$\boldsymbol{x_s}$ はサポートベクターと呼ばるマージン上の訓練データである．図 7.18 では，二重丸がサポートベクターとなる．この式から，識別関数はサポートベクターのみで決定され，サポートベクター以外の訓練データは影響しないことがわかる．

$$f(\boldsymbol{x}) = \boldsymbol{w^*}^T\boldsymbol{x} - \boldsymbol{w^*}^T\boldsymbol{x_s} + y_s \qquad \boldsymbol{w^*} = \sum_s \alpha_s^* y_s \boldsymbol{x_s} \tag{7.4}$$

これで，マージン最大の基準を満たす線形識別関数が求められた．次に，SVMの適用範囲を大きく広げた**非線形 SVM** について触れる．線形 SVM は，線形分離可能なデータを対象にした場合は精度の高い分類能力を実現するが，一般にはデータは線形分離不可能な場合が多い．一方，データの次元数が大きいと線形分離可能性が高くなることが知られていることから，データを高次元空間に写像して，そこで線形識別を行う方法が考えられる．ただし，高次元の写像は，汎化能力が低下し，計算コストがかさむという問題をともなう．ところが，以下に示すように，SVM では，識別関数が入力データの内積のみを用いた形になることから，**カーネルトリック**と呼ばれる手法により，こらちの問題を避けることができる．

SVM の識別関数（式 (7.4)）は，データの内積 $\boldsymbol{x}\boldsymbol{x_s}$, $\boldsymbol{x_s}\boldsymbol{x_s}$ のみに依存しており，データの写像先での内積さえ計算できれば，最適な識別関数を求めることができることに注目する．つまり，元の空間でのデータ $\boldsymbol{x_1}$, $\boldsymbol{x_2}$ を非線形写像した空間でのデータ $\boldsymbol{\Phi(x_1)}$, $\boldsymbol{\Phi(x_2)}$ の内積が，次式のように計算できる関数 $K(\boldsymbol{x_1}, \boldsymbol{x_2})$ が存在するなら，具体的な $\boldsymbol{\Phi(x)}$ を知る必要なしに，最適な識別関数を求めることができる．このような方法を**カーネルトリック**（kernel trick）と呼び，また関数 $K(\boldsymbol{x_1}, \boldsymbol{x_2})$ を**カーネル関数**（kernel function）と呼ぶ．

$$\Phi(\boldsymbol{x_1})^T\Phi(\boldsymbol{x_2}) = K(\boldsymbol{x_1}, \boldsymbol{x_2})$$

非線形変換後の空間における線形 SVM の問題は，元の空間での方法と同様に解くことができ，その結果の識別関数は，サポートベクターの内積をカーネル関数で置き換えた次式のようになる．なお，写像先の高次元空間での線形識別関数は，元の空間では複雑な非線形識別関数となっている．このようにして，非線形 SVM では，非線形識別関数を効率よく求めることが可能となっている．

$$\begin{aligned} f(\boldsymbol{x}) &= \sum_s \alpha_s^* y_s \boldsymbol{\Phi(x_i)}^T \boldsymbol{\Phi(x)} - \boldsymbol{w^*}^T \boldsymbol{x_s} + y_s \\ &= \sum_s \alpha_s^* y_s K(\boldsymbol{x_s}, \boldsymbol{x}) - \boldsymbol{w^*}^T \boldsymbol{x_s} + y_s \end{aligned}$$

なお，カーネル関数としてよく利用されているものとして，多項式カーネル（式 (7.5)）やガウスカーネル（式 (7.6)）などがある．

$$K(\boldsymbol{x_1}, \boldsymbol{x_2}) = \left(\boldsymbol{x_1}^T \boldsymbol{x_2} + 1\right)^p \tag{7.5}$$

$$K(\boldsymbol{x_1}, \boldsymbol{x_2}) = \exp\left(-\frac{||\boldsymbol{x_1} - \boldsymbol{x_2}||^2}{\sigma^2}\right)^p \tag{7.6}$$

また，カーネルトリックの考え方は，SVM のような分類学習以外にも，主成分分析，クラスタリングなどに幅広く適用されており，これらはカーネル法（kernel method）と総称される．

7.7 相関ルールの学習

大量のデータに機械学習の手法を適用して，価値のある知識を抽出することは，データマイニング（data mining）と呼ばれ，人工知能の大きな研究分野となっている．このデータマイニングの盛り上がりの火付け役となったのが，相関ルールとその学習アルゴリズムであるアプリオリアルゴリズム[17]と言っても過言ではないだろう．ここでは，相関ルールとアプリオリアルゴリズムについて説明する．

7.7.1 相関ルール

お店で売られている個々の商品をアイテム，一人のお客が購入したアイテムのリストをトランザクションと呼ぶ．トランザクションデータベースを分析すると，「牛乳とヨーグルトを買ったお客は，その 70%がパンとバターも買っており，この 3 品を全部買ったお客は全お客の 3%である」というような知識が得られるとする．この知識は，次のようなルールで表されるが，これが**相関ルール**（association rule）と呼ばれる．

[牛乳], [ヨーグルト] → [パン], [バター]　(支持度 3%，確信度 70%)

ここで，**支持度**（support）は，$\dfrac{\text{相関ルールの条件部と結論部が出現するトランザクション数}}{\text{全トランザクション数}}$ であり，この相関ルールがトランザクション全体でどの程度成り立つのかを意味し，一方の**確信度**（confidence）は，$\dfrac{\text{相関ルールの条件部と結論部が出現するトランザクション数}}{\text{条件部を含むトランザクション数}}$ であり，条件部が成り立った場合に結論部も成り立つ割合である．よって，これ

らの評価指標のいずれもがある程度高い，つまりある閾値以上に高い相関ルールが望ましい．それらの閾値を**最小支持度**（minimum support），**最小確信度**（minimum confidence）と呼び，最小支持度以上の支持度をもつアイテムの集合は**頻出アイテム集合**（frequent item set）と呼ばれる．

7.7.2 アプリオリアルゴリズム

最小支持度，最小確信度が与えられている場合，双方を越える評価をもつ相関ルールは，まず頻出アイテム集合を抽出し，次にそのアイテム集合から，最小確信度以上の確信度をもつ相関ルールを求めることで抽出できる．ただし，後者の処理は高速に行えるが，前者の処理は，トランザクションデータベースを頻繁にアクセスすることから，非常に時間がかかることが知られている．そこを効率化して相関ルール学習の高速に行うのが，アプリオリアルゴリズムである．

アプリオリアルゴリズム（Apriori algorithm）は，大量のデータから頻出アイテム集合を効率よく求めることのできる相関ルール学習アルゴリズムである[17)20)]．アプリオリアルゴリズムは，「F_1 が頻出アイテム集合でなければ，F_1 を包含する集合 F_2 も頻出アイテム集合ではない」という**支持度の反単調性**を利用した効果的な枝刈りにより，高速に高支持度アイテム集合を抽出できる．例えば，アイテム集合 $\{S_1, S_2\}$ が頻出アイテム集合でない場合，$\{S_1, S_2\}$ を含むあらゆるアイテム集合も頻出アイテム集合ではないことがわかるため，それらの支持度を調べる必要がなく，効果的な枝刈りが可能となる．以下に，アプリオリアルゴリズムのうち，最も基本となる頻出アイテムの検出アルゴリズムを示す．入力は，アイテム集合，最小支持度，最小確信度，トランザクションデータベースである．下記アルゴリズムのステップ4において，前述の支持度の反単調性を利用した枝刈りが行われている．

---

1. **初期化：**アイテム数 $k = 1$ で初期化．また，全アイテムから最小支持度以上の支持度をもつアイテム1つからなる集合を要素とする集合で，頻出アイテム集合の集合 F_1 を初期化する．

2. **頻出アイテム集合候補の生成：**F_k の要素を使って，アイテム数が $k+1$ のすべての頻出アイテム集合候補の集合 C_{k+1} を求める．
3. **終了条件：**$C_{k+1} = \phi$ の場合，全頻出アイテム集合の集合 $\cup_i F_i$ を出力して終了．
4. **枝刈り：**C_{k+1} の要素である頻出アイテム集合候補について，その要素数 k の部分集合がすべて F_k に含まれていることを調べ，そうでない頻出アイテム集合候補は C_{k+1} から取り除く．
5. **頻出アイテム集合の決定：**C_{k+1} の要素である頻出アイテム集合候補について，支持度をトランザクションデータベースから計算し，そこから F_{k+1} を決定する．
6. **ループ：**アイテム数 $k = k+1$ として，ステップ 2 へ．

ここで，アプリオリアルゴリズムの動きを簡単な例で見ていく．いま，表 7.6 のようなトランザクションデータがあるとして，これに前述のアプリオリアルゴリズムを適用してみる．入力は，最小支持度を 0.3（つまり，全 8 データで 3 回以上の出現頻度で頻出アイテム集合）とする．まず，ステップ 1 で，$k = 1$ となり，“チョコ” 以外のアイテムは最小支持度を超える支持度をもつ，つまり出現頻度が 3 以上のため，次の頻出アイテム集合の集合 F_1 が得られる．

表 7.6 トランザクションデータ

ID	購買アイテム
1	カップ麺，コーヒー，パン
2	カップ麺，コーヒー，おにぎり，お茶
3	カップ麺，お茶
4	コーヒー，パン，チョコ
5	カップ麺，コーヒー，パン，チョコ
6	カップ麺，おにぎり，お茶
7	カップ麺，コーヒー，おにぎり，お茶
8	おにぎり

$F_1 = \{\{$ カップ麺 $\}, \{$ コーヒー $\}, \{$ パン $\}, \{$ おにぎり $\}, \{$ お茶 $\}\}$

そして，ステップ2に移り，F_1 を使って，アイテム数2の C_2 を求めると下のようになる．ここで，[ ] 内の数字は出現頻度である．

$C_2 = \{\{$ カップ麺, コーヒー $\}[4], \{$ カップ麺, パン $\}[2], \{$ カップ麺, おにぎり $\}[3], \{$ カップ麺, お茶 $\}[4], \{$ コーヒー, パン $\}[3], \{$ コーヒー, おにぎり $\}[2], \{$ コーヒー, お茶 $\}[2], \{$ パン, おにぎり $\}[0], \{$ パン, お茶 $\}[0], \{$ おにぎり, お茶 $\}[3]\}$

ステップ4に進むが，C_2 の各要素のアイテム数1のすべての部分集合は，F_1 に含まれるため枝刈りが行われない．そして，ステップ5で，C_2 中の出現頻度が3以上のアイテム集合から，頻出アイテム集合 F_2 が次のように求まる．

$F_2 = \{\{$ カップ麺, コーヒー $\}[4], \{$ カップ麺, おにぎり $\}[3], \{$ カップ麺, お茶 $\}[4], \{$ コーヒー, パン $\}[3], \{$ おにぎり, お茶 $\}[3]\}$

F_2 は空集合ではないのでステップ3をとばし，ステップ6で $k = 2$ としてステップ2へ戻り，先と同様に F_2 から下の C_3 が得られる．

$C_3 = \{\{$ カップ麺, コーヒー, おにぎり $\}, \{$ カップ麺, コーヒー, お茶 $\}, \{$ カップ麺, コーヒー, パン $\}, \{$ カップ麺, おにぎり, お茶 $\}\}$

続くステップ4で，C_3 の各要素のうち，アイテム数2のすべての部分集合が F_2 に含まれるのが $\{$ カップ麺, おにぎり, お茶 $\}$ だけなので，他の要素は C_3 から削除され，枝刈りが行われる．そして，$\{$ カップ麺, おにぎり, お茶 $\}$ は3回出現するので，F_3 は次のようになる．

$F_3 = \{\{$ カップ麺, おにぎり, お茶 $\}[3]\}$

再びループするが，F_3 から C_4 が生成できないため，ステップ3の終了条件において，$F_1 \cup F_2 \cup F_3$ を出力して，アルゴリズムは終了する．

7.8 クラスタリング

クラスタリング（clustering）とは，教師なし学習（unsupervised learning）の一つであり，データをクラスターと呼ばれるグループに分けることである．例えば，図 7.19 では，2 次元特徴ベクトルのデータ集合が 3 つのクラスターに別れている様子を示している．一般的には，データ集合 $X = \{x_1, \cdots, x_n\}$ に対して，次式で表される分割 $P = \{C_1, \cdots, C_m\}$ を見つけることを意味する．C_i は，X の部分集合であり，すべてのデータはただ 1 つのクラスターに属する．

$$\bigcup_i C_i = X, \quad C_i \cap C_j = \phi \ (i \neq j)$$

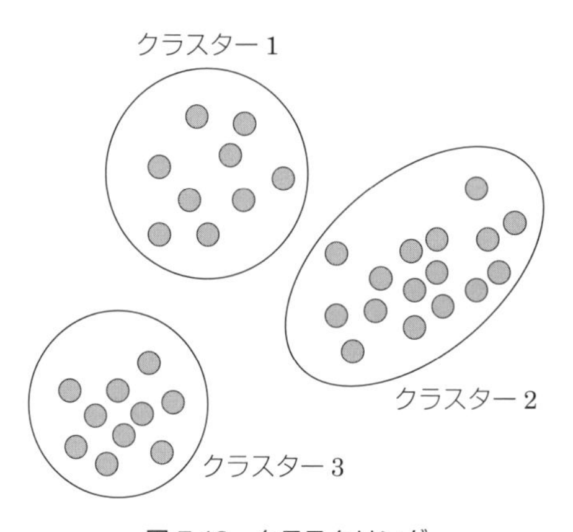

図 7.19　クラスタリング

クラスタリングには大きく分けてトップダウンとボトムアップの方法がある．ここでは，トップダウンのクラスタリング手法として k-menas 法を，ボトムアップの手法として，階層的クラスタリングについて説明する[21)]．

いずれの手法も，データ間の類似度を元にして，似ているデータは同じクラスターにまとめていくという方針でクラスタリングを行う．そのため，データ間の類似度をどのように定義するかが重要となる．データの特徴ベクトルを j 次元空間ベクトル $\boldsymbol{x} = (x_1, \cdots, x_j)$ とすると，次式で表されたデータ間のユークリッド距離が非類似度としてよく使われる．類似度にする場合は，逆数

$s(\boldsymbol{x}, \boldsymbol{y}) = 1/d(\boldsymbol{x}, \boldsymbol{y})$ を用いる．

$$d(\boldsymbol{x}, \boldsymbol{y}) = \sqrt{\sum_{i=1}^{j} (x_i - y_i)^2}$$

7.8.1　k-means 法

k-means 法は，トップダウンのクラスタリング手法の代表的なもので，データ集合，類似度関数（前述の $s(\boldsymbol{x} - \boldsymbol{y})$），クラスター数 k を入力とする下記のような手続きである．

---

1. **初期化：**k 個のクラスター中心をランダムに決める．
2. **データの割り当て：**各データを最も類似度の大きいクラスター中心をもつクラスターに割り当てる．
3. **終了条件：**すべてのデータの割り当てが変化しなければ，終了．
4. **クラスター中心の更新：**クラスターの重心を計算し，それを新たなクラスター中心とする．
5. ステップ 1 へ．

ステップ 4 でクラスター中心の更新に使われるクラスター C のクラスター重心 $M(C)$ は，次式で計算される．

$$M(C) = \frac{1}{|C|} \sum_{\boldsymbol{x} \in C} \boldsymbol{x}$$

k-mean 法は，トップダウン的に，クラスター数 k を入力として与えるところが特徴であるが，ステップ 1 の初期化において与えられるクラスター中心に依存して，最終的に得られるクラスターが変わってくる．よって，実際に利用するには，初期値をいくつか変えて実行し，得られたクラスターの評価が最も高いもの（例えば，クラスターの平均分散が小さいもの）をとるなどの処理を行う場合が多い．

また，k-mean 法は，繰り返し手続きにより，ある種の最適化を行っていると考えられる．その目的関数は，「各クラスター中心とそのクラスターに含まれるデータ間の距離の合計」を最小化するというものである．クラスターの割り当てとクラスター中心を繰り返して更新することで，この最適化を実行している．

7.8.2 階層的クラスタリング

k-means 法は，最初からクラスター数を k 個に固定して，トップダウンにクラスタリングを行っているが，もう一つの方法として，最初に各データ 1 つづつからなるクラスターから初めて，類似度最大のものを順に統合していくボトムアップのクラスタリング手法がある．ここでは，その代表的な手法である**階層的クラスタリング**（hierarchical clustering）について説明する．

階層的クラスタリングでは，2 つのデータ $\boldsymbol{x_i}$, $\boldsymbol{x_j}$ 間の類似度 $s(\boldsymbol{x_i}, \boldsymbol{x_j})$ に加えて，クラスター c_i, c_j 間の類似度を定義する必要がある．これまで，様々なクラスター間類似度が提案されているが，例えば，最も基本的なものの一つに，**最短距離法**がある．最短距離法では，クラスター c_i のデータと c_j のデータのすべての対のデータ間類似度の最大値をクラスター間の類似度 $s(c_i, c_j)$ とする．この他にも，最小類似度をとる最長距離法，クラスターの重心間距離を用いる方法，重心とデータ間の誤差を用いる Ward 法などがある[21]．

階層的クラスタリングのアルゴリズムは，次のようになる．最も類似度の高いクラスター対を統合していき，一つのクラスターになれば停止するというシンプルな手続きであり，様々な粒度のクラスターを生成することができる．

---

1. **初期化：**入力データを $\{\boldsymbol{x_1}, \cdots, \boldsymbol{x_n}\}$ とする．すべてのデータ $\boldsymbol{x_i}$ について，そのデータだけを要素とするクラスター $c_i = \{x_i\}$ の集合で，クラスター全体の集合 C を初期化する．また，クラスター数 N を全データ数で初期化．
2. **クラスター対の統合：**C のデータからなるすべてのクラスター対のクラスター間類似度を計算し，最大類似度をもつクラスター対 c_j, c_k を C から削除する．そして，新しく統合したクラスター $c' = c_j \cup c_k$ を C に追加，さらに $N = N - 1$ で N を更新する．
3. **終了条件：**$N = 1$ ならば，樹形図を出力して終了．

4. **ループ：**ステップ 2 へ.

ステップ 3 で，出力される**樹形図**（dendrogram）とは，各データを葉とし，ステップ 2 で統合された新しいクラスターが生成される毎に枝を結合して構成される木である．また，ステップ 2 の最大類似度を表す軸を持っており，クラスタリングが終了した時には，木はルートとなる．図 7.20 に，樹形図の例を示す．ここでは，データ集合は $\{a, b, c, d\}$ であり，初期クラスター集合 $C = \{\{a\}, \{b\}, \{c\}, \{d\}\}$ からクラスタリングが始まり，最初に $\{a\}$ と $\{b\}$ が統合され，続いて $\{a, b\}$ と $\{c\}$，最後に $\{a, b, c\}$ と $\{d\}$ が統合され終了している．各統合における最大類似度が，図 7.20 の上部の軸で表されている．また，この樹形図を任意の最大類似度でカットすることで，様々な**粒度**（granuality）のクラスターが得られる．図 7.20 は，0.5 でカットした例（破線）を示しており，クラスター集合 $\{\{a, b, c\}, \{d\}\}$ が得られる．より小さい値でカットするとより詳細でクラスター数の大きいクラスター集合が得られ，大きい値でカットするとより粗くてクラスター数の小さいクラスター集合が得られる．

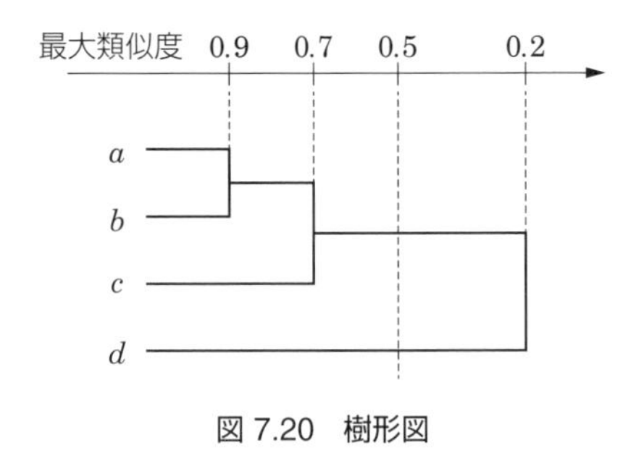

図 7.20　樹形図

演習問題

(1) 動物の概念木を書け．ノードとして，動物，肉食，草食等を用いよ．

(2) 訓練例「2 足歩行の肉食動物」“歩行 (2 足) ∧ 食物 (肉)” に，一般化規則を適用して，仮説空間を構成せよ．このとき，一般化規則として，条件削除と演習問題 (1) でつくった概念木による概念木上昇規則を使うこと．

(3) 下記の訓練例を用いて，バージョン空間法により，目標概念 “哺乳類” を学習する過程を記述せよ．なお，条件削除規則だけを用い，訓練例が足りない場合は，各自考えよ．

□ **正例：** 2 足歩行 ∧ 胎生 ∧ 肉食

□ **正例：** 4 足歩行 ∧ 胎生 ∧ 草食

□ **負例：** 2 足歩行 ∧ 卵生

(4) 7.2 節の領域理論に，以下のルールを加えて，訓練例（正例）：色 (白) ∧ 高さ (40) ∧ 底面積 (800) ∧ 材質 (木) に対し，説明に基づく学習を適用せよ．説明木の生成，一般化，マクロ化を行え．

□ 頑強 ← 材質 (木) ··· (5)

□ 頑強 ← 材質 (金属) ··· (6)

(5) 図 7.15 のマルコフ決定過程において，Q 学習をシミュレートせよ．

(6) ID3 では分類が不可能であるが，Nearest Neighbor 法では分類可能である分類問題の例をあげよ．また，その理由を述べよ．

(7) 相関ルールの問題点を挙げよ．

(8) 公開されている非線形 SVM のライブラリを利用した可視化により，写像先の線形識別関数が元の空間で複雑な非線形識別関数になっていることを確認せよ．

(9) k-means 法の初期クラスター中心の決定方法を改良したクラスタリング方法として，k-means++があるが，その基本的手続きと考え方を説明せよ．

(10) $2n$ 個のデータから階層的クラスタリングを行う場合の樹形図の深さを求めよ．

文　献

1) C. M. Bishop, “Pattern Recognition and Machine Learning”, Springer, 2010. 元田 浩 ほか 訳：パターン認識と機械学習 上下，丸善出版，2012.

2) B. V. Dasarathy, “Nearest Neighbor (NN) Norms: NN Pattern Classification Techniques”, IEEE Computer Society Press, 1991.

3) G. DeJong and R. Mooney, “Explanation-Based Learning: An Alternative View”, Machine Learning, Vol.1, No.2, pp.145–176, 1986.

4) D. H. Fisher, “Knowledge Acquisition via Incremental Conceptual Clustering”, Machine Learning, Vol.2, No.2, pp.139–172, 1987.

5) D. H. Fisher, “Noise-Tolerant Conceptual Clustering”, Proceedings of the Eleventh International Joint Conference on Artificial Intelligence, pp.825–830, 1987.

6) J. J. Grefenstette, “Credit Assignment in Rule Discovery Systems Based on

Genetic Algorithms", Machine Learning, Vol.3, pp.225–245, 1988.

7) J. H. Holland, K. J. Holyoak, R. E. Nisbett, and P. R. Thagard, "Induction", MIT Press, 1986. 市川伸一ほか 訳：インダクション – 推論・学習・発見の統合理論へ向けて –，新曜社，1991.

8) M. Lebowitz, "Concept Learning in a Rich Input Domain", In R. S. Michalski, J. G. Carbonell, and T. M. Mitchell, editors, *Machine Learning – An Artificial Intelligence Approach –*, Vol.2, pp.193–214. Morgan-Kaufmann, 1986. 電総研人工知能研究グループ他訳，「豊富な入力知識における概念学習 – 一般化に基づく記憶」，『概念と規則の学習』，共立出版，1987.

9) R. S. Michalski, "A Theory and Methodology of Inductive Learning", In R. S. Michalski, J. G. Carbonell, and T. M. Mitchell, editors, *Machine Learning - An Artificial Intelligence Approach –*, Vol.1, pp.83–134. Tioga, 1983. 電総研人工知能研究グループ 訳，「帰納学習の理論と方法論」，『知識獲得入門—帰納学習と応用—』，共立出版，1987.

10) T. M. Mitchell, "Generalization as Search", Artificial Intelligence, Vol.18, No.2, pp.203–226, 1982.

11) T. M. Mitchell, R. M. Keller, and R. T. Kedar-Cabelli, "Explanation-Based Generalization: A Unifying View. Machine Learning, Vol.1, No.1, pp.47–80, 1986.

12) J. R. Quinlan, "The Effect of Noise on Concept Learning. In R. S. Michalski, J. G. Carbonell, and T. M. Mitchell, editors, *Machine Learning - An Artificial Intelligence Approach –*, Vol.2, pp.149–166. Morgan-Kaufmann, 1986. 電総研人工知能研究グループ他訳，「概念学習におけるノイズの影響」，『概念と規則の学習』，共立出版，1987.

13) J. R. Quinlan, "Induction of Decision Trees", Machine Learning, Vol.1, No.2, pp.81–106, 1986.

14) P. E. Utgoff, "Sift of Bias for Inductive Concept Learning", In R. S. Michalski, J. G. Carbonell, and T. M. Mitchell, editors, *Machine Learning - An Artificial Intelligence Approach –*, Vol.2, pp.107–148. Morgan-Kaufmann, 1986. 電総研人工知能研究グループ他訳，「概念の帰納学習のためのバイアスの移動」，『概念と規則の学習』，共立出版，1987.

15) P. E. Utgoff, Incremental Induction of Decision Trees", Machine Learning, Vol.4, No.2, pp.161–186, 1989.

16) Christopher J.C.H. Watkins and Peter Dayan, "Technical Note: Q-Learning", Machine Learning, Vol.8, pp.279–292, 1992.

17) R. Agrawal, T. Imieliński and A. Swami, "Mining Association Rules Between Sets of Items in Large Databases", Proceedings of the 1993 ACM SIGMOD International Conference on Management of Data, pp.207–216, 1993.

18) 滝 寛和，"構成的帰納学習とバイアス", 人工知能学会誌，Vol.9, No.6, pp.818–822, 1994.

19) 小野田 崇，"サポートベクターマシン", オーム社，2007.

20) 元田 浩，山口 高平，津本 周作，沼尾 正行，"データマイニングの基礎", 森北出版，1999.

21) 宮本 定明，"クラスター分析入門—ファジィクラスタリングの理論と応用", オーム社，2006.

第8章 分散人工知能と進化的計算

これまでの紹介した人工知能は，単体のシステムを考えてきた．しかし，計算機ネットワークの拡大と共に，一つの人工知能システムではなく，複数の人工知能システムがネットワークで結ばれ，並列に処理を行い，互いの処理結果を通信することによる相互作用を生みながら問題解決をしていくことが実現可能になってきた．このような複数の人工知能システムによる問題解決をどのように行うかというテーマに関する研究は，**分散人工知能**（DAI: Distributed Artificial Intelligence）[7] と呼ばれる．

一方，DAI のように複数のエージェントからなる系は，自然界ではごく一般的にみられる．複数の生物が繁殖という相互作用を持ちながら，世代交代を繰り返すことにより，より環境に適応した生物に進化していく過程を観察することができる．このような**進化**をモデル化し，問題解決あるいは計算に役立てようとする研究が，**進化的計算**（evolutionary computation）と呼ばれる．

本章では，分散人工知能において提案されている代表的なモデルについて説明していく．続いて，進化的計算で現在最も広く使われている手法である**遺伝的アルゴリズム**と**進化的学習**について述べる．

8.1 分散人工知能

分散人工知能における一般的なモデルを説明していく．

8.1.1 黒板モデル

発話の音声認識システム Hearsay-II[2] で提案された分散人工知能の相互作用のモデルが，**黒板モデル**（blackboard model）である．Hearsay-II システムで

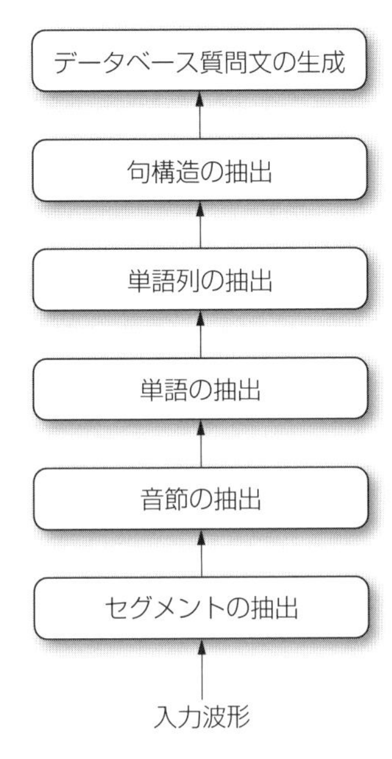

図 8.1 Hearsay-II の処理

は，処理が図 8.1 のように階層的に行われる．まず，音声入力波形を入力として与えられ，それからセグメントが検出され，さらにセグメントの列から音節 (syllable) が取り出され，次に単語や区構造が決定される．そして，最終的な処理結果であるデータベースの質問文が生成される．

問題となるのは，それぞれのレベルの処理において曖昧さが残るため，一つのレベルだけでは，処理結果を唯一に決定できないことである．そのため，曖昧さを残したまま，つまり複数の解候補を残したまま処理をボトムアップに行っていき，上位の処理の結果が下位の処理結果をさらに絞り込むようなメカニズムが必要になる．また，異なったレベル間の情報のやり取りも円滑に行われる必要がある．

このようなメカニズムを実現するのが，黒板モデルである．**黒板** (blackboard) とは，複数のエージェントが同じ情報にアクセスできる共有メモリの一種であり，処理の質的な違いにより階層化されている．図 8.2 に音声認識における黒

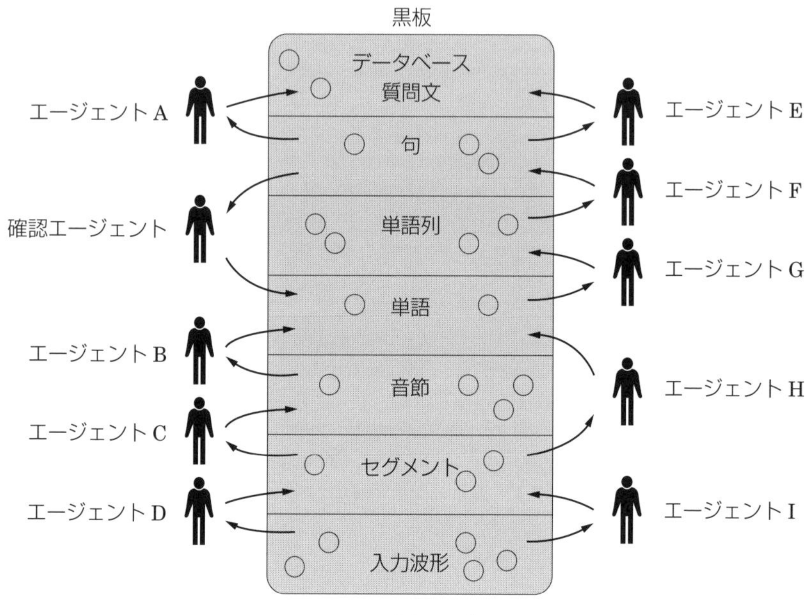

図 8.2　黒板モデル

板モデルの例を示す．前述のように Hearsay-II における音声認識では，図 8.1 に示した処理が行われる．よって，各処理を行う複数のエージェントと黒板からなる図 8.2 のようなマルチエージェント系が構成される．各エージェントは，起動条件と処理結果を持つ．黒板上に起動条件を満たす仮説が書き込まれているとき，そのエージェントは起動され処理を行い，その処理結果である仮説を新たに黒板に書き込む．図 8.2 では，各エージェントへ入る矢印が起動条件を，エージェントから出ていく矢印が処理結果の仮説の書き込みを表している．このように，黒板において共有される情報は，各エージェントの処理結果である仮説（図 8.2 の各階層の白丸）である．また，これらの仮説には，それがどの程度確からしいかを表す数値である**確信度**が割り当てられている．

エージェントは，ある階層の仮説を起動条件としてその処理結果を一つ上の階層に書き込むもの（図 8.2 のエージェント A，B，C，D，E，F，G，I）から，処理結果を 2 つ上の階層に書き込むエージェント（エージェント H）までさまざまなものがある．これらのエージェントによる処理は，データから仮説へ，そして仮説からより抽象的な仮説へと処理が流れていくボトムアップ（bottom-up）の手法である．これに対し，黒板モデルでは，より上位の仮説から下位の仮説を絞り込む処理の流れであるトップダウン（top-down）の手法もエージェントの設計により可能になっている．このようなエージェントが，図 8.2 の確認エージェントである．確認エージェントは，句の仮説を元に「その句構造が成り立つためにはある単語が必要である」という単語レベルでの仮説を作り出し，それを黒板の単語階層に書き込む．

黒板モデルでは，各エージェントが仮説を生成するため，多くの無駄な仮説が生成される傾向がある．よって，仮説の確信度をもとに起動可能なエージェントに優先順位をつけることにより，効率的な処理を実現するメカニズムが用意されている．

8.1.2　契約ネットプロトコル

契約ネット（contract net）[1)]は，マルチエージェント系において，エージェント間の契約（contract）によってタスクを分割し，得られた副タスクを各エージェントに割り当てるためのモデルである．契約ネットプロトコルは，通常の通信におけるプロトコルとは異なり，タスク分割による問題解決を上手く行うために，契約という人間社会で日常的に行われている活動をメタファにして，各エージェントがどのような情報をどのように通信すべきかについての取り決めである．よって，自由度の少ない仕様を決定するというよりも，適用領域に応じて設計者が調整可能な自由度を残した緩い規約という性質が強い．

契約ネットでは，エージェント間の交渉により，タスクの割り当てが行われる．まず，エージェントは，状況により 2 つの役割を持つ．それが，マネージャ（manager）と契約者（contract）である．これらの 2 つの役割は，契約ごとに変わる．つまり，あるエージェントがいつもマネージャになるわけではなく，契約者になる場合もある．また，複数の契約が並列して成立することも許されており，系の中に複数のマネージャと複数の契約者が同時に存在する場合がある．

処理の概要を図 8.3 で説明する．まず，マネージャが契約者である他のエージェントに「このようなタスクをお願いしたいが，やってもらえる人はいません

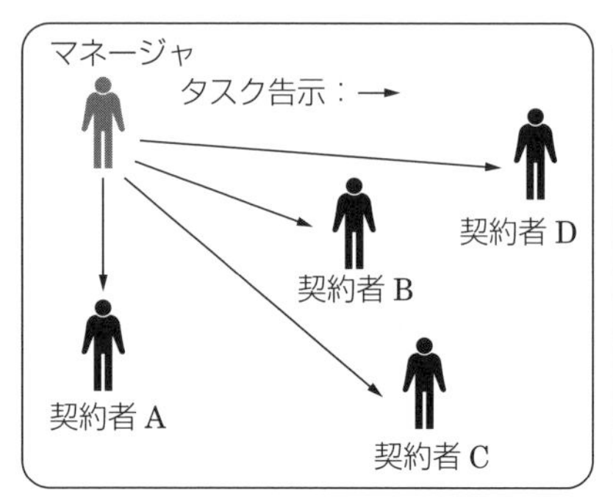

(a) タスク告示

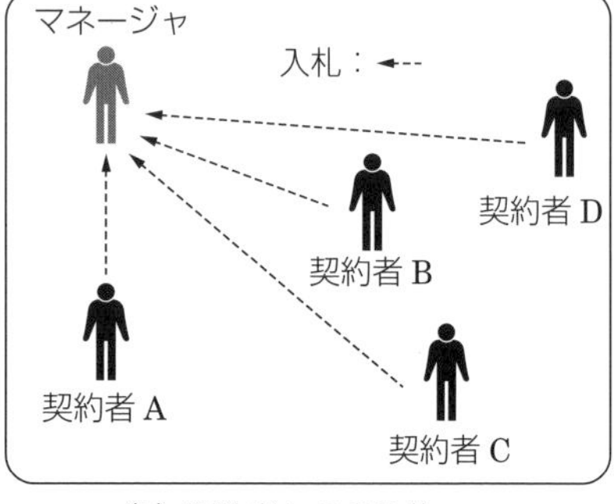

(b) 契約者からの入札

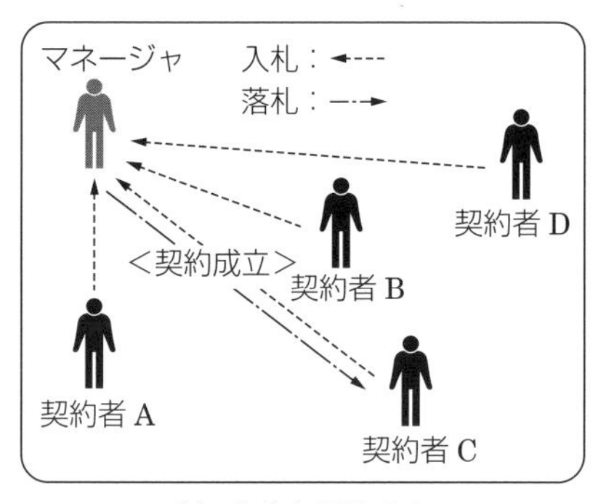

(c) 落札と契約成立

図 8.3　契約ネットの概要

か」というタスク告示（task announcement）メッセージを送る（図 8.3(a)）．これを受けて，複数の契約者が，自分はどのような条件でそのタスクを達成できるかを示した入札（bid）メッセージを返信する（図 8.3(b)）．最後に，マネージャは入札を比較検討して最も適した契約者を選択し，そのエージェントに落札（award）メッセージを送り，契約を成立させる（図 8.3(c)）．契約ネットワークでは，このようなプロセスが，マルチエージェント系において非同期に起こる．以下に，より詳細に手続きを見ていく．

タスク告示

例として，「Y さんについての情報をインターネット上で収集せよ」というタスクが，エージェント A に与えられたとする．このとき，このタスクに関しては，エージェント A がマネージャとなり問題解決を行う．

まず，マネージャがタスク告示を行う．タスク告示メッセージの例を図 8.4 に示す．この例では，タスク告示メッセージは，エージェント A からすべてのエージェントに送られる（送信先スロットと送信元スロットを参照）．そして，メッセージの種類が，タイプスロットに記述されている．また，どのようなタスクなのかがタスク内容スロットに書かれており，契約者側は複数のタスク告示を受けた場合，そのスロットの内容を参考にして優先順位を決定することができる．また，マネージャとしては，契約者として契約できる条件を提示することが円滑な契約成立のために必要である．そのような条件が，入札条件スロットに記述される．当然，契約者は入札条件スロットを見て，自分に入札の資格があるか否かを決定することになる．

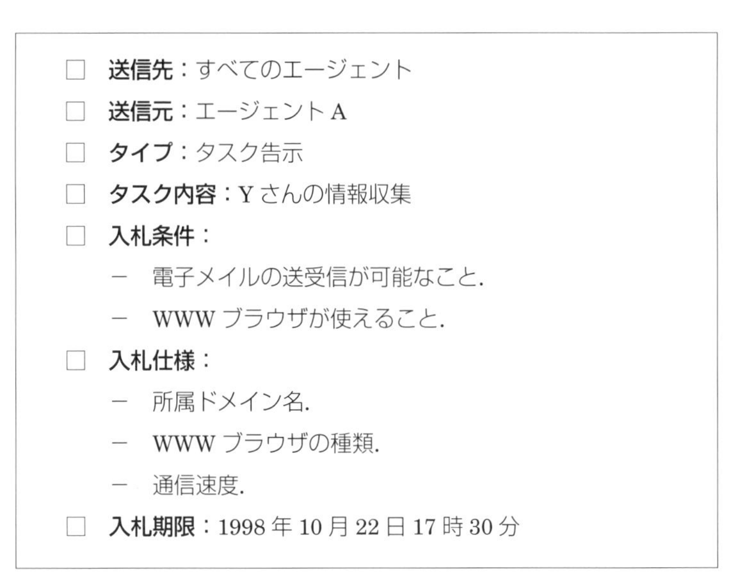

図 8.4　タスク告示メッセージ

次に説明する入札において，契約者が「自分ならこのように上手くタスクをやりますよ」という情報をマネージャに送り，マネージャはその情報を基に契約相手を決定する．そのために，マネージャが契約者について知りたい情報，つまり契約を結ぶために参考にしたい情報をタスク告示段階で契約者に知らせておいて，契約者はその情報についてだけ入札時にマネージャに知らせるようにした方が通信コストの面で都合がよい．よって，タスク告示メッセージの入札仕様スロットに入札メッセージに添付すべき情報を明記する．

入　　札

前述のように，契約者は複数のマネージャからタスク告示メッセージを受け取ることができる．このとき，契約者は，ドメインに依存した基準でタスクに優先順位をつける．この基準は，設計者が対象領域によって設定することができる．

契約者が新しい告示メッセージを受け取ったとき，あるいは，受け取っている告示メッセージの入札期限が切れるときなどのタイミングで，入札が行われる．その時点で，優先順位が最も高いタスクに対し入札するが，場合によっては入札を見送ることもある．

入札メッセージの例を図8.5に示す．送信先スロット，送信元スロット，そしてタイプスロットは，タスク告示メッセージと同じである．つづく，契約者情報スロットに，タスク告示メッセージの入札仕様スロットで記述された仕様

- □ **送信先**：エージェントA
- □ **送信元**：エージェントC
- □ **タイプ**：入札
- □ **契約者情報**
  - － **所属ドメイン名**：ymd.dis.titech.ac.jp
  - － **WWW ブラウザの種類**：NN, IE
  - － **通信速度**：56K BPS

図8.5　入札メッセージ

で，契約者の情報が記述されている．

落札と契約

一般にマネージャには，複数の契約者からタスク告示に対する入札メッセージが非同期に送られてくる．マネージャは，これらを残しておき，評価をして契約する相手を決定する．普通は，ある一定の落札条件を満たす入札があった場合に，その入札をしたエージェントに対し落札メッセージを送って契約が成立することになる．落札メッセージの例を図 8.6 に示す．また，もし入札期限が過ぎても落札条件を満たす入札がない場合は，落札条件は満たしていないが最も優先順位の高いエージェントに落札するか，もう一度タスク告示メッセージを送る．

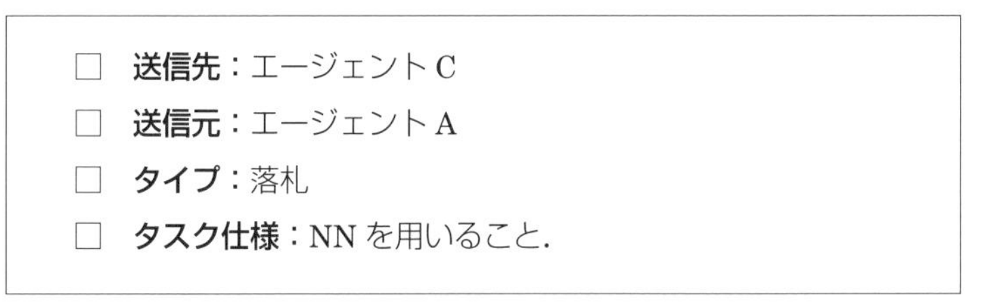

図 8.6　落札メッセージ

ただし，現在のタスク告知メッセージの入札条件を満たすエージェントがまったくいない場合は，いつまでたっても，また何度タスク告示メッセージを送っても入札は得られない．このような場合には，マネージャは，なぜ契約者エージェントが入札しないのかという理由を知る必要がある．そのため，タスク告示メッセージの入札仕様スロットに，入札しない場合でもその理由（入札条件を満たさない，他のタスクで忙しい等）を記述して返送する機能が組み込まれている．

以上では，マネージャが他の全エージェントに対しタスク告示メッセージを送るという公開契約について述べた．これに加えて契約ネットプロトコルでは，非公開契約を扱うことができる．つまり，マネージャが「どのタスクはどのエージェントに頼むのがよい」という知識を持っていれば，タスク告示や入札をせずに，直接あるエージェントに落札メッセージを送ることにより契約を成立さ

れる．また，マネージャがまずタスク告示をするのではなく，契約者の方から「自分はいま手が空いている」というメッセージを送り，マネージャがそれを受けて，今抱えているタスクの中から適当なものを直接的に落札し契約成立を行うこともできる．このように契約ネットプロトコルは，さまざまな契約の形態を記述できるようになっている．

8.2　進化的計算

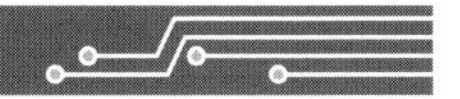

8.2.1　遺伝的アルゴリズム

一般的な進化論の立場に立つと，生物の進化は，繁殖により遺伝子を変化させながら，環境への適応をうまく行った生物集団（種）が生き残っていく過程と解釈できる．また，この現象は，複数の個体が世代交代を繰り返しながら，環境へどの程度適応しているかを評価関数として，できるだけ高い評価を受ける個体を探索しているとも考えられる．

この進化のメカニズムを問題解決に適用する枠組みが，**遺伝的アルゴリズム**（GA: Genetic Algorithm）[9)3)] である．個体それぞれが，解の候補としての染色体を持ち，個体が交配して子を残すことと，子が突然変異により変化することで求める解の探索が行われる．

遺伝子型と表現型

自然界では，遺伝子（あるいは，染色体）が単体で存在し，それが直接評価されるわけではない．当然，その遺伝子を持つ生物が環境において行動し，その結果その生物が評価されることにより，遺伝子も評価される．このように，遺伝子自身と，環境による評価の対象である遺伝子に基づいて発達した生物自身，あるいはその生物の行動とを区別する必要がある．前者を**遺伝子型**（genotype），後者を**表現型**（phenotype）と呼ぶ．

GA では個体の持つ染色体が，解決すべき問題の解候補になっている必要がある．このような条件を満たすように，染色体をコーディングすることを**遺伝子コーディング**と呼ぶ．このコーディングを上手く行わないと，交叉などのオペレータにより得られた子が解候補でなくなってしまうことが起こり，探索効率が悪くなる．このような遺伝子を**致死遺伝子**（lethal genes）と呼ぶ．

GA の手続き

GA では，以下のような入力パラメータが用いられる．

- □ **集団サイズ**：個体集団 M の個体数 $|M|$.
- □ **突然変異率**：突然変異の起こる確率 P_m.
- □ **交叉率**：交叉の確率 P_c

以下に，基本的な GA の手続きを説明する．

1. **初期化**：最初に，それぞれの個体の染色体に対し遺伝子をランダムに割り当て，集団サイズ $|M|$ の初期個体集団 $M(0)$ をつくる．世代の変数 g を 0 で初期化.
2. **適合度（fitness）の計算**：個体集団 $M(g)$ の中の個々の個体 I について，適合度 $f(I)$ を計算する．
3. **終了条件**：終了条件が満たされれば，停止．よく使われる終了条件として，適合度がある値以上になる，世代数がある値になるなどがある．
4. **選択（selection）**：計算された適合度 $f(I)$ に基づいて，**選択方式**を繰り返し適用することにより，親の候補となる個体集団 S を選択する．ここで，S のサイズは，集団サイズと同じにするのが一般的である．
5. **繁殖（reproduction）**：選択された親の候補の個体集団 S について，以下の **GA** オペレータが適用される．
   - □ **交叉（crossover）**：個体集団 S から，交叉率 P_c の確率で親を選んで親の集団（サイズは，$|M|P_c$）を作り，その中からランダムに $\frac{|M|P_c}{2}$ の親のペアを作る．そして，それぞれの親のペアに，**交叉オペレータ**を適用して，親と同数の子を作る．
   - □ **突然変異（mutation）**：交叉でつくられた子について，全ビットに独立に突然変異率 P_m の確率で変異させる（図 8.7）．よって，集団では，平均 $|M|LP_m$ ビットが変異する．ここで，L は，1 個体の染色体のビット数である．

図 8.7　突然変異

得られた子を親と入れ替えて，次の世代の個体集団 $M(g)$ をつくる．ここで，$g \leftarrow g+1$ とする．

6. Step 2 へ．

また，Step 4 の選択方式と，Step 5 の交叉オペレータとしては，以下のような方法が用いられる．

□ **選択方法：**

– **ルーレット方式：**適合度の値に比例したルーレットを回して選択する．適合度 $f(I)$ の個体 I が選択される確率 $Pr(I)$ は，下式のよう

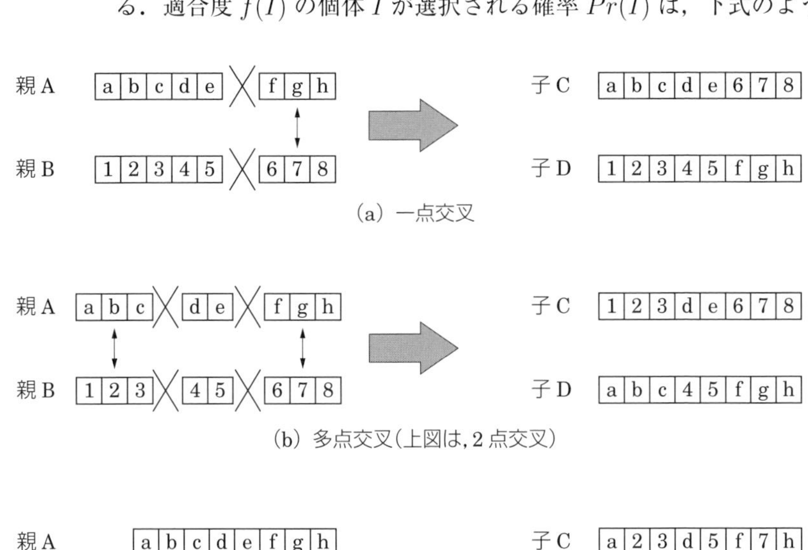

図 8.8　交叉オペレータ

になる．

$$Pr(I) = \frac{f(I)}{\sum_I f(I)}$$

– **トーナメント方式：**個体集団からランダムに一定数の個体を取りだし，その中でもっとも適合度の高い個体を選択する．

□ **交叉オペレータ：**

– **一点交叉：**染色体を一点で切って，2つに分割して交換する（図8.8(a)）．

– **多点交叉：**複数点で染色体を分割して交換する（図8.8(b)）．

– **一様交叉：**遺伝子座毎にランダムに交換．（図8.8(c)）．

以上の手続きによって，GAでは，並列に複数点による探索が行われる．交叉と突然変異のオペレータにより，集団が局所最適解に陥ることが回避され，さらによい適合度を示す領域に集中した探索を実現することができる．

8.2.2 遺伝的プログラミング

GAでは，遺伝子型としてビット列や文字列が使われるのが一般的である．しかし，遺伝子型として，より複雑な構造を持つ表現を用いることも可能である．さらに，プログラムそのものを遺伝子型として用いることもできる．そして，個体の持つプログラムを評価することで適合度を計算し，プログラム自身にGAオペレータのような操作をほどこすことにより，GAの枠組で進化による**自動プログラミング**（automatic programming）が実現できる．このような枠組が，**遺伝的プログラミング**（GP：Genetic Programming）[6)10)]である．

GPの遺伝子コーディング

GPでは一般的に，プログラムを**木構造**（tree structure）で表現した遺伝子コーディングが使われる．木構造とは，下図のような閉路を持たないグラフであり，ノードB，DをノードAの**子ノード**，逆にノードAをノードB，Dの**親ノード**という．また，子をもたないノードC, Dを**葉ノード**，親をもたないノードAを**根ノード**と呼ぶ．

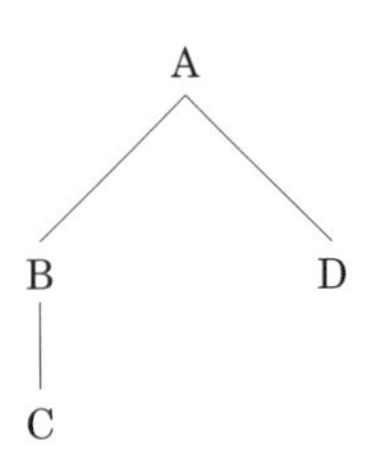


```
main
{
 i = 22;
 j = sqrt(i);
 k = i + j;
}
```

(a) プログラム例
(宣言文などは省略)

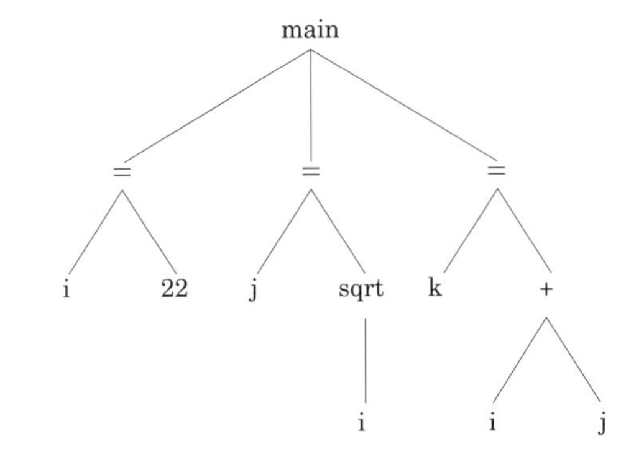

(b) 木構造によるプログラム

図 8.9　木構造で表現されたプログラム

たとえば，図 8.9(a) の C のプログラムは，図 8.9(b) のような木構造で記述できる．また，GP では，8.2.1 節に示した GA の入力パラメータに加えて，木構造の表現を構成するために，以下に示す要素が必要である．

□ **非終端記号：**非終端ノード（葉ノード以外のノード）で使う記号．子ノードを引数とする関数である．

□ **終端記号：**終端ノード（葉ノード）で使う記号．変数，あるいは定数である．

GP の手続きは，GA オペレータの代わりに GP オペレータが用いられること以外は，GA と同じである．GP が構造を持つ遺伝子を扱うため，それを操作する GP オペレータは，GA オペレータよりも複雑になる．

GP オペレータ

基本的には，GP においても GA オペレータと同様の突然変異と交叉が使われる．図 8.10 に GP の突然変異の例を示す．図の (a) は，終端記号が終端記号に変異した場合であり，(b) は，終端記号が部分木に変異した場合である．このように，構造を持たない遺伝子型を用いる GA では単純だった突然変異が，GP では多くのバリエーションを持つことになる．

図 8.11 に，GP の交叉を示す．基本的には，それぞれの親において切り離すノードを一つずつ選んで，そのノードを根ノードとする部分木を親の間で交換する．

以上のように GP は，構造を持つプログラムを遺伝子型として用いることにより，GA よりもさらに広い適用範囲を持っていると言える．

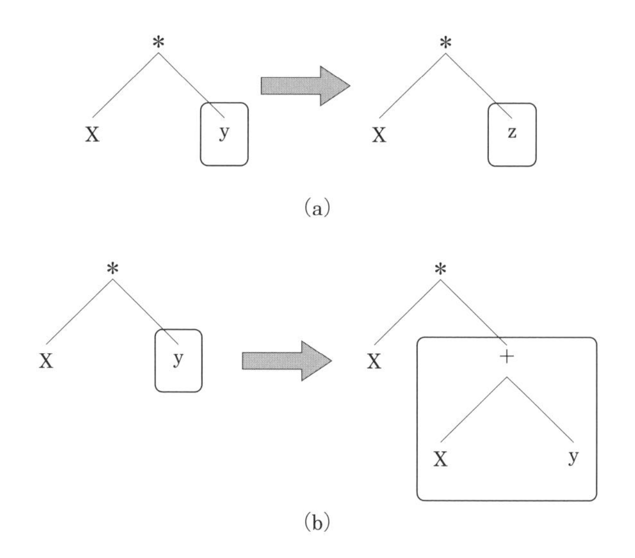

図 8.10　GP の突然変異

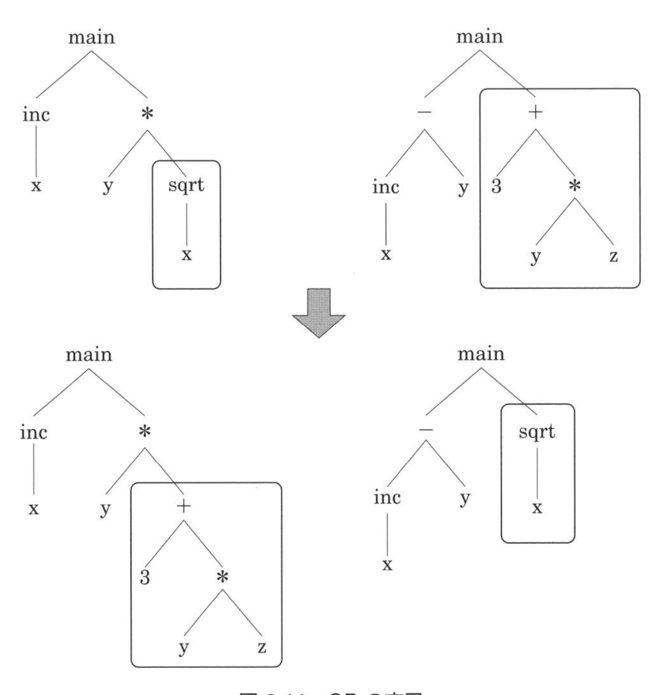

図 8.11　GP の交叉

8.2.3　進化的学習

遺伝的アルゴリズムを用いた機械学習として，**進化的学習**（evolutionary learning）がある[8)11)]．進化的学習には，大きく分けて，**分類子システム**と**ピッツバーグアプローチ**の2つがある．まず，分類子システムについて説明していく．

分類子システム

分類子システム（classifyer system）[4)5)] は，遺伝子としてコーディングされたルールを遺伝的アルゴリズムを用いて，ある評価関数（適合度，あるいは信頼度）の値を高くするような**プロダクションシステム**を自動生成する．

分類子システムの構成を図 8.12 に示す．プロダクションシステムとの対比でいうと，メッセージは，プロダクションシステムの事実に，メッセージリストは，ワーキングメモリに，そして**分類子**がプロダクションルールに相当する．

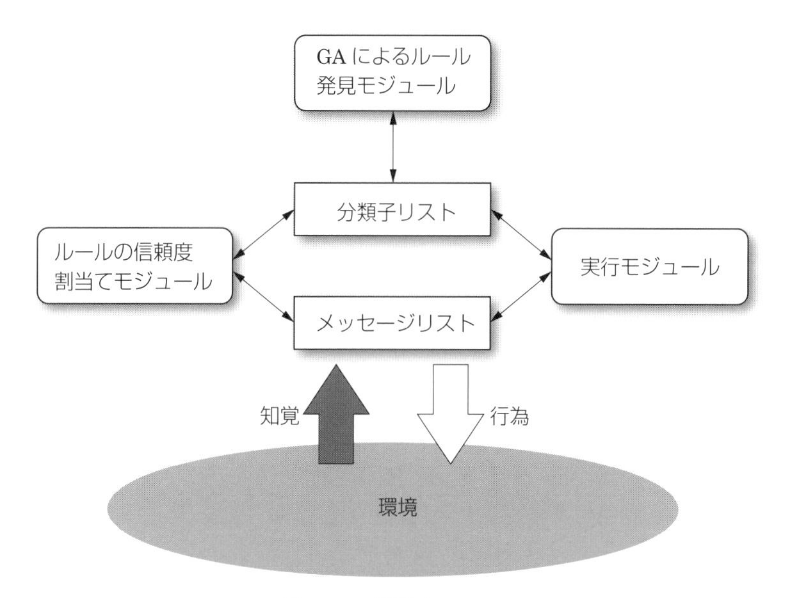

図 8.12 分類子システム

よって，分類子リストはルールベースに，実行モジュールは推論エンジンに対応する．

環境からの情報がメッセージとして，メッセージリストに入力される．行為に関係するメッセージがあると，環境への行為が実行される．分類子システムは，プロダクションシステムと同様の働きをするが，その特長は，信頼度割り当てモジュールにより，分類子がバケツリレーアルゴリズム（7.4.2 節を参照）による強化学習を行い，さらに GA によるルール発見モジュールにより進化をすることである．分類子を適用していくことにより問題解決が行われるが，そのとき適用された分類子が強化されていくことによって学習も行われる．そして，その学習がある程度進むと，今度は GA により進化するという処理が繰り返される．

分類子は，その条件部と結論部の双方が，3 値†のビット列で記述される．メッ

† 1，0 と，0 と 1 のどちらにもマッチする Don't care を含む 3 値である．

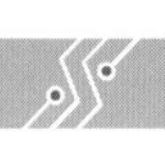

セージも同様のビット列である．また，各分類子は，信頼度（credit）と呼ばれる強度を持っている．

そして，実行モジュールにより，メッセージリスト中のメッセージと分類子の条件部のマッチングが調べられ，適用可能な分類子が適用され，その結果の行為が環境に対し実行される．このとき，適応可能な分類子が複数あると，その信頼度に応じて一つが選択され，適用される．

バケツリレーアルゴリズムによる信頼度の更新により，各分類子の信頼度が強化されていき，学習が行われる．直観的には，よく使われる分類子，さらにその行為に対して外部からの報酬がある分類子は，より強化される傾向にある．

さらに，分類子システムでは，GA によるルール発見が行われる．ルール発見モジュールは，信頼度割り当てによる学習がある程度進み，信頼度の更新が十分行われたと判断すると，GA を起動する．なお，分類子システムでは，条件部と結論部のビット列が染色体に相当する．

注目すべきは，分類子システムの GA では，分類子，つまりルール一つひとつが個体と考えられる点である．このように GA を適用することにより，無駄な分類子は選択され，有効な分類子を組み合わせた新たな分類子が生成される．このことにより，個々の個体（分類子）の学習の限界を乗り越えることが期待できる．

ピッツバーグアプローチ

分類子システムでは，各分類子を GA における個体として扱ったが，一つのプロダクションシステムを個体として扱うのが，ピッツバーグアプローチである．図 8.13 にその枠組みを示す．ピッツバーグアプローチでは，個々のプロダクションシステムをエージェントとするマルチエージェント系で学習が行われる．

まず，同一の問題について，複数のプロダクションシステムを適用し，その実行結果を評価する．そして，その評価値を適合度とし，個々のプロダクションシステムを個体として，GA により新たなプロダクションシステムの生成を行う．つまり，マルチエージェント系で，エージェントである一つひとつのプロダクションシステムを競争させ，評価値により選択を行う．

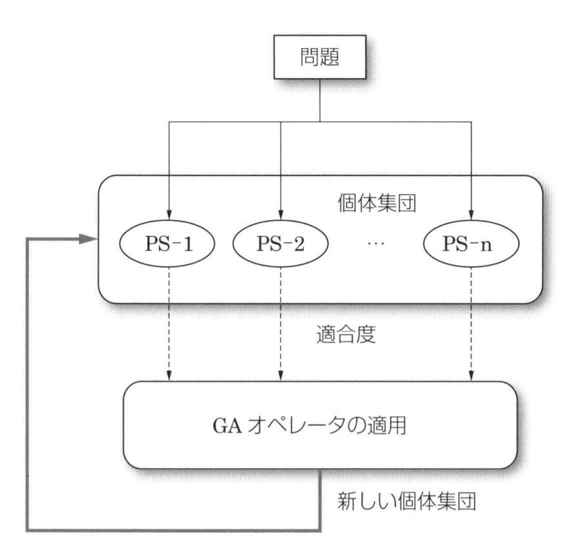

図 8.13 ピッツバーグアプローチ

演習問題

(1) 画像認識の処理を黒板モデルで実現した場合の処理の流れとマルチエージェント系を図 8.1 と図 8.2 を参考に図示せよ.

(2) 黒板モデルと契約ネットの相違点をエージェントが共有する情報の違いを基に論ぜよ.

(3) 巡回セールスマン問題（TSP: Traveling Salesman Problem）において，遺伝子コーディングを行え.

(4) (3) のコーディングにおいて，致死遺伝子が生じないかどうかを調べよ．致死遺伝子が生じる場合は，生じないようなコーディングを考えよ.

(5) (4) のコーディングを用いて，GA により TSP を解くプログラムを実装して，結果を示せ.

(6) GA の適用は難しいが，GP なら容易に適用できるような問題を挙げよ．また，その理由も説明せよ.

(7) 8.10 で示したもの以外に考えられる GP の突然変異を示せ.

文　　献

1) R. Davis and R. G. Smith, "Negotiation as a Metaphor for Distributed Problem Solving", Artificial Intelligence, Vol.20, No.1, pp.63–109, 1983.

2) L. D. Erman, F. Hayes-Roth, V. R. Lesser, and D. R. Reddy, "The Hearsay-II Speech-Understanding System: Integrated Knowledge to Resolve Uncertainty", Computer Surveys, Vol.12, pp.213–253, 1980.

3) D. E. Goldberg, "Genetic Algorithm in Search, Optimization and Machine Learning", Addison Wesley, 1989.

4) J. E. Holland and J. S. Reitman, "Cognitive Systems Based on Adaptive Algorithms", In D. A. Waterman and F. Hayes-Roth, editors, *Pattern-Directed Inference Systems.* Academic Press, 1978.

5) J. H. Holland, "Escaping Brittleness: The Possibilities of General-Purpose Learning Algorithms Applied to Parallel Rule-Based Systems", In R. S .Michalski, J. G. Carbonell, and T. M. Mitchell, editors, *Machine Learning - An Artificial Intelligence Approach* –, Vol.2. Morgan-Kaufmann, 1986. 電総研人工知能研究グループ他訳，「脆弱性の回避：並列型の規則に基づくシステムへ適用した汎用学習アルゴリズムの可能性」，『演繹学習』，共立出版，1988.

6) J. R. Koza, "Genetic Programming", MIT Press, 1992.

7) 石田 亨，片桐 恭弘，桑原 和宏，"分散人工知能", コロナ社，1996.

8) 竹内 勝，"遺伝的アルゴリズムによる機械学習", 計測自動制御学会誌，Vol.32, No.1, pp.24–30, 1993.

9) 伊庭 斉志，"遺伝的アルゴリズムの基礎", オーム社，1994.

10) 伊庭 斉志，"遺伝的プログラミング", 東京電機大学出版局，1996.

11) 米澤 保雄，"遺伝的アルゴリズム – 進化理論の情報科学 –", 森北出版，1993.

第9章 エージェントと知的インタラクティブシステム

前章までは，比較的伝統的で確立された人工知能の考え方，枠組みについて説明をしてきたが，本章ではまだ確立されてはいないが，今後重要になっていくであろうより先進的なトピックについて概説を行う．取り上げるトピックは，エージェントと知的インタラクティブシステムである．まず，エージェントの概念の基本になるエージェントアーキテクチャ，そして人間とのインタラクションからみたエージェント研究の最新研究分野であるヒューマンエージェントインタラクションを紹介する．続いて，人間とシステムが協調的に問題解決を行う知的インタラクティブシステムに関係するトピックであるインタラクティブ機械学習，ユーザ適応システムを紹介する．

人工知能における**エージェント**（agent）とは，「環境を認識して自分で行動を決定，実行できるコンピュータプログラム」という意味がある．例えば，センサ，アクチュエータ，ソフトウエア，ハードウエアで構成された**ロボット**は，わかりやすい典型的なエージェントと考えられるが，それ以外にもインターネットを環境と捉えると，インターネット上で情報を収集しながら，自分で行動を決定し，実行する（この場合は，物理的な行動ではなく，ファイル操作，ネットワーク接続，情報提示など）プログラムも広く**ソフトウェアエージェント**と呼ばれるエージェントの一つと考えられる．

一方，人間や動物に似せた外見を CG で実装して，ユーザの状態をセンシングしつつ，インタラクティブに自分で行動決定・実行しているコンピュータプログラムは，**擬人化エージェント**（anthropomorphic agent）とよばれ，これも典型的なエージェントである．

本章では，このようなエージェントについて，まずはその基本的なアーキテ

クチャ，そして人間とエージェントのインタラクションデザインの研究分野であるヒューマンエージェントインタラクションに着目して説明する．

そして，本章の後半では，人間と AI システムが協調して，インタラクティブに問題解決を行う枠組みである知的インタラクティブシステムを紹介する．また，その具体的な研究例として，人間とシステムが協調して学習を行う，インタラクティブ機械学習について述べ，続いて人間に適応して自身を変化させるユーザ適応システムを紹介する．

9.1　エージェントアーキテクチャ

9.1.1　エージェントの抽象モデル

図 9.1 はエージェントのモデル図である[1), 2)]．エージェントは，その外の環境とインタラクションを取りながら，何らかのタスクを実行するものである．

いま，エージェントが対峙する外部環境を E と記す．エージェントの内部は，大きく 4 つの部分，すなわちセンサ部（sensor），エージェントプログラム（agent program），**知識・モデル記述部**（knowledge, model），アクチュエータ部（acutuator）からなる．それぞれは以下の働きを担う部分である．

センサ部：　種々のセンサ（カメラ，マイク，加速度センサなど）を通して外部環境を知覚する部分である．その入力は**外部環境の状態集合**（ここでは

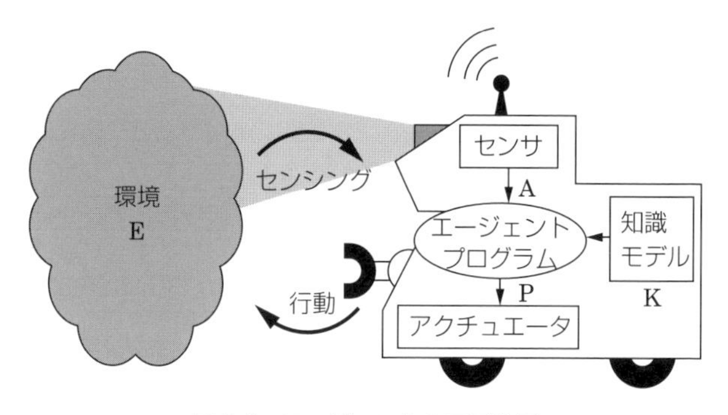

図 9.1　エージェントのモデル図

簡単のため E と同一視しておく）で，出力は環境のエージェント内での記述である**知覚記述**（percept）の集合 P である．このときセンサ部は，

$$sensing : E \rightarrow P$$

なる写像 $sensing$ を実現するモジュールである．外部環境の状態はエージェント側から見ると，センサで計測されたセンサ信号で表現されるパターン情報である．逆に，知覚記述は，エージェントのもつ，環境のモデルや環境に存在するオブジェクトのモデルとマッチングすることにより，解釈されたもので，通常はシンボルで表された情報である．この意味からセンサ部は，いわゆるパターン認識（pattern recognition）を行う部分である．

エージェントプログラム部：　エージェントの行動のプランニングを実行する部分である．センサ部で得られた知覚記述集合 P を基に，**行動記述**の集合 A を決定するモジュールである．現時点までの全ての知覚記述の系列を**知覚履歴**（percept history）と呼ぶ．

エージェントプログラム部には，何らかの形式的な記述で与えられる**知識・モデル** K の存在を仮定し，そこには外部環境やタスクに関する知識が含まれているものとする．

次に，エージェントプログラムは，次の写像 $agent\text{-}program$ で特徴付けられる．

$$agent{-}program : P^N \times K \rightarrow A$$

すなわち，知覚履歴（現時点から過去に遡る長さ N の系列）および知識・モデルから行動記述への写像である．

アクチュエータ部：　エージェントプログラム部から導き出された行動記述 A と現在の外部環境 E に対して，エージェントが作用して外部環境の状態変化を促すモジュールである．実際にはアクチュエータ部の出力は，外部環境に対するエージェントの行動と見なせる．

アクチェータ部の機能を形式的に書くと，以下の写像 $actuating$ となる．

$$actuating : E \times A \to E$$

以上がエージェントの抽象モデルであるが，これを工学的に実現することが人工知能の目標でもある．ちなみに，このモデルの中で，センサ部がパターン認識（画像認識，音声認識など）・パターン計測，エージェントプログラム部が人工知能・知識工学，アクチュエータ部が制御工学・ロボット工学というように，従来は各々の研究分野でほぼ独立に研究が進められてきた．ところが，本当に知的なエージェントを実現するには，各部分を有機的に統合したシステムとして検討考察を深化させねばならないことは言うまでもない．

9.1.2　エージェントのタイプ分け

本節では，エージェントのタイプ分けについて考察する[2),3)]．まず，**合理的エージェント**（rational agent）とは，正しい行動をとるエージェントのことをいい，正しい行動とは，エージェントを最も成功に導く行動である．

合理的エージェントでは，エージェントのタスク遂行に関する成功を評価する仕組みが必要である．そのために，**性能測度**（performance measure）というものが考えられており，それは，「どのように（how）」と「いつ（when）」との両面をもつ．前者は，エージェントがどのように成功するかを決める規範であり，後者は，性能評価のタイミングである．

任意の時点での**合理性**は，以下の4つに依存する．

- □　性能測度：成功基準を定義．
- □　完全な知覚履歴：エージェントがその時点までに知覚したもの全て．
- □　環境に関する事前知識．
- □　エージェントが行い得る行動．

以上を基に，合理的エージェントの定義を示す．

合理的エージェント：　可能な知覚履歴に対し，知覚履歴から得られる証拠，および知識・モデルが与えられたとき，性能測度を最大化すると期待される行動を常にとるエージェント．

つまり，合理的エージェントは，知覚してきたことに対し，期待される成功が最大になるように行動する．なお，性能測度の例として，車の運転エージェントでは，安全性，高速性，快適性，エコドライブ性などが考えられる．

また，別の観点から，**自律エージェント**（autonomous agent）という概念も重要である．

自律エージェント： 行動選択が，環境に関する組み込まれた知識よりむしろ，自身の経験に依存する割合の高いエージェント．

これは知能ロボットの分野で盛んに研究をされているものである．未知なる環境に関する記述は，完全には得られないので（情報の不完全性），経験に従いその種の知識を学習して行こうとするエージェントである．いわば，完全な組み込み（built-in）知識をエージェントに事前に与えるのは困難であり，また組み込み知識のみで動作するエージェントは環境の変動に柔軟ではないという立場である．

このエージェントの考え方の背景には，人間の成長の過程や生物の進化の仮定に関する洞察がある．すなわち，最初は組み込まれた反射的な反応しか行えない生物が学習能力により生存環境に適応していくという知見である．同様に，経験の少ないエージェントは初期のわずかばかりの知識に基づき，当初のランダムな試行から始めて，次第に意味のある行動パターンを獲得して行くのである．このように，経験に従い，当初予想もしない挙動を発現させるシステムを**創発システム**（emergent system）という．

最後に，分散協調システムとして注目されている**マルチエージェント**（multi agent）の定義を示す．

マルチエージェント： 複数のエージェントが協調や競合などの相互作用を伴いながら，総体として機能を実現するもの．

エージェントの分散方法には，空間分散，機能分散などがあるが，エージェントの個々の機能は比較的単純なものを仮定する場合が多い．

また，マルチエージェントは**均質性**でも分類できる．

均質マルチエージェント： 各エージェントが同一の機能，能力をもつとき，均質（homogeneous）マルチエージェントと言う．逆に各エージェントが異なる機能，能力をもつとき，非均質（heterogeneous）マルチエージェントと言う．

9.1.3　環　　境

エージェントがインタラクションをとる環境を，Russel の特徴付け[2)] に従って分類する．

全体観測可能ー部分観測可能：　エージェントのセンサが環境の状態を完全に把握できるとき，言い換えると行動を選択するのに適するすべての情報をセンサが検出可能なとき，環境は全体観測可能（fully observable）である．そうでないとき部分観測可能（partially observable）である．センサの雑音が多い場合や環境の一部がセンサから欠落している場合がこれに当たる．

決定論的ー確率的：　環境の次の状態が，現在の状態とエージェントによって選択された行動により完全に決定できるとき，環境は決定論的（deterministic）である．そうでないとき確率的（stochastic）である．全体観測可能で決定的な環境では，不確実性を考慮する必要はない．

系列的ー断片的：　エージェントの経験が複数のエピソード（エージェントの知覚記述とそれに対応する単一行動の組）に分割されるとき，環境は断片的（episodic）である．断片的環境では，次の（未来の）断片は過去や現在の断片での行動に依存しない．逆に系列的（sequential）環境は，現在の行動が未来の全ての行動に影響する．

静的ー動的：　エージェントが考えている間に環境が変化し得るとき，環境は動的（dynamic）である．そうでないとき静的（static）である．静的環境では，時間の経過への注意，及び行動を決定する間の環境の観測が不要である．環境が時間の経過では変化しないが，エージェントの行動により環境が変わり得るとき，環境は半動的（semidynamic）である．

離散的ー連続的：　知覚・行動記述の情報表現が有限個に区別できるとき，環境は離散的（discrete）である．そうでないとき連続的（continuous）である．

対象とする環境に応じて，エージェントの能力（具体的にはプログラム）を変更する必要がある．ここで注意すべき点は，エージェントの視点・立場に従って，環境の見かけ上の特徴が変化し得ることである．また，上記の特徴はすべてが独立な軸ではなく相関がある．例えば，ある環境が部分観測可能ならば，それは確率的である．そして，いうまでもなくもっとも困難な環境は，部分観測可能・確率的・系列的・動的・連続的である．

9.1.4 エージェントプログラム

エージェントプログラムとは，エージェント内部での知覚記述から行動記述を与える変換プログラムとみなすことが可能である．エージェントプログラムの特徴からのエージェントの分類[2)] を述べる．

単純即応エージェント（simple reactive agent）

単純即応エージェントは，現時点の知覚記述と行動記述との直接的な対応付けを基本としたエージェントプログラムに従い行動や振舞を起こす．これを実現する簡便な方法として**即応ルール**（reactive rule）がある．即応ルールとは，知覚部の出力である知覚記述をルールの条件部 LHS（Left Hand Side）に，作用部の入力である行動記述をルールの結論部 RHS（Right Hand Side）にしたものである．すなわち，

□ 知覚記述（$\in P$） $\Longrightarrow$ 行動記述（$\in A$）

が一般的形式である．ここで，$\Longrightarrow$ は “ならば” を表す．例えば運転エージェントでは，

□ 「前方に障害物が存在する」$\Longrightarrow$「ハンドルを切る」

などが考えられる．これらの仕組みは，即応プランニング（5.3 節）と同じである．

単純即応エージェントは，環境モデルの完全な記述を必要としないため，センサを持つ移動ロボットにおいて，最も頻繁に用いられる枠組みである．

さて，単純即応エージェントの設計方法論として，事例ベース推論，ルックアップテーブルの蓄積参照検索などがある．前者と後者の違いは，蓄積していくデータの構造化の度合である．前者がある程度，論理的に構造化して蓄積していくのに対して，後者はパラメータなどをダイレクトに保存蓄積していく．いずれも新しく入ってくる事例に対して，正確にマッチするものや類似したものを検索して，対応する行動を定める．しかしながら，複雑な環境に対応するルックアップテーブルは膨大な大きさになり，物理的な実現は難しい．

モデルベースエージェント（**model based agent**）

モデルベースエージェントでは，対象世界に関する知識・モデルを用いて行動記述を決める．単純即応エージェントが，現時点の知覚記述しか参照しないのに対し，モデルベースエージェントは過去の知覚記述系列（知覚履歴）を内部メモリに格納して参照することもできる．対象世界に関する知識・モデルには，1）世界がエージェントと独立にどのように変わるか，2）エージェントの行動が世界にどう影響するか，などを記述する．

モデルベースエージェントでは，何段階かの中間的記述を経て，最終的に行動記述に到達する推論を実行する．ここで，車を運転するモデルベースエージェントを考えてみよう．次のようなルール群を対象世界に関する知識として仮定する．

- □「前方工事中」$\Longrightarrow$「車線が減少」
- □「車線が減少」$\Longrightarrow$「渋滞」
- □「渋滞」$\Longrightarrow$「追突が多発」
- □「追突が多発」$\Longrightarrow$「危険」
- □「危険」$\Longrightarrow$「アクセルを緩める」

いま，エージェントが観測しているシーン中に案内表示版があるとしよう．このとき，エージェントが表示版の中から「前方工事中」という文字列を認識するならば，知覚記述として「前方工事中」という意味のあるシンボル列を獲得したことになる．このプロセスが知覚部で行われる写像 $sensing : E \rightarrow P$ であり，「前方工事中」は P の要素である．続いて，得られた知覚記述と知識・モデルとのマッチングを取ることによって，推論を進め，内部の知識記述の変更を繰り返し，最終的に行動記述「アクセルを緩める」（$\in A$）を導く．この行動はアクチュエータ部を通して外部環境 E に影響を及ぼし，“車のスピードが落ちた” 環境へと移行する．

目標ベースエージェント（**goal based agent**）と効用ベースエージェント（**utility based agent**）

目標ベースエージェントは，エージェントが望ましい状況を表す目標（goal）

に到達しようとする行動記述を選択する．ここで，目標とは環境集合 E の特別な要素と考える．探索やプランニングをタスクとするエージェントは，目標との差異を表す評価関数に従い目標に到達する行動記述系列を探そうとする．

対象世界によっては目標だけでは，環境における質の高い振舞を生成するのに十分でない．エージェントの達成しようとするタスクは，前述の性能測度によって外部から評価されるが，性能測度は一般に複数存在し，さらにそれらは互いにトレードオフ関係を持つことに注意しなければならない．エージェントの内部で性能測度に関連する**効用関数**（utility function）を用意して行動記述を選択していく．効用ベースエージェントは，期待効用を最大にする戦略を基に行動を定めるものである．例えば，運転エージェントならば，「安全」「高速」「燃費安く」「快適」「スリリング」など，車の運転に対するさまざまなサブゴール（性能測度に相当）を設定して，効用関数により適応的にスイッチして行動・振舞を起こす．

9.1.5 エージェントの学習

これまで説明してきたように，エージェントでは知覚記述と行動記述の対応を求めることが主眼となるが，これらをエージェントの設計者が初めから全て組み込むことは不可能である．従って，エージェントの行動や振舞によって，この対応を求めていく学習が不可欠となる．以下では，エージェントの学習での要点を示す．

行動と学習の並列性： これまでの機械学習，特にコンピュータや AI システムに対する記号学習アルゴリズムでは，学習段階と実行（行動）段階が明確に区別されていた．要するに，“Execution (Action) after Learning” である．

一方，知的エージェントでは学習済み機械という考え方は通用しない．人間と同等の特徴である，行動と学習の並列性が要請される．すなわち，“Learning during Action” ないしは “Action during Learning” である．このための学習アルゴリズムが最低限具備すべき特徴として増進性（incremental）が挙げられよう．

学習の能動性： 前記の項目とも関連することであるが，従来の機械学習アル

ゴリズムにおいては，学習者は環境から一方向的に得られる情報を活用する受動的な振舞しか行い得ない．その意味で受動（passive）学習である．エージェント学習においては，例えば強化学習のように，学習者が環境に対して働きかけ，環境から情報を選択的に得るという双方向的な振舞が不可欠となる．また，分類学習においては，エージェントが訓練データをどのように選択しつつ学習するのかが重要になる．このような学習は，**能動学習**（active learning）[4] と呼ばれる．

限定合理性：　エージェントは実環境における行動実体として存在するため，ある種の実時間性は必須条件である．推論やプラニング，そして学習に，どれだけでも時間を掛けても良いとか，いくらでもメモリを利用しても良いとか，といった考え方は不適切である．すなわちエージェントの有する資源（resource）が有限であることを十分意識して，そういった制約の下で，合理的な振舞を発現させる必要がある†．

ちなみに，これまでの帰納学習理論や強化学習理論では，極限同定や無数の例題というような非現実的な設定が多い．学習においても限られた時間・記憶の中での最良パフォーマンスの追求，すなわち有限の資源における合理性である**限定合理性**（bounded rationality）の実現が重要である．これらの観点は，後述するインタラクティブ機械学習（9.3.1）にも通じている．

9.2　ヒューマンエージェントインタラクション

ヒューマンエージェントインタラクション：**HAI**（Human-Agent Interaction）[19] は，人間とエージェント間のインタラクションデザインを目的とする研究分野である．特に，人間と擬人化エージェント，人間とロボット，そして人間と人間の間のインタラクションという3つの質的に異なるインタラクションの設計を研究対象にしており，それらのインタラクションデザインの共通点，

† エージェントにおける資源の有限さや物理的実体を考慮して**身体性**という用語が好んで用いられる傾向にある．

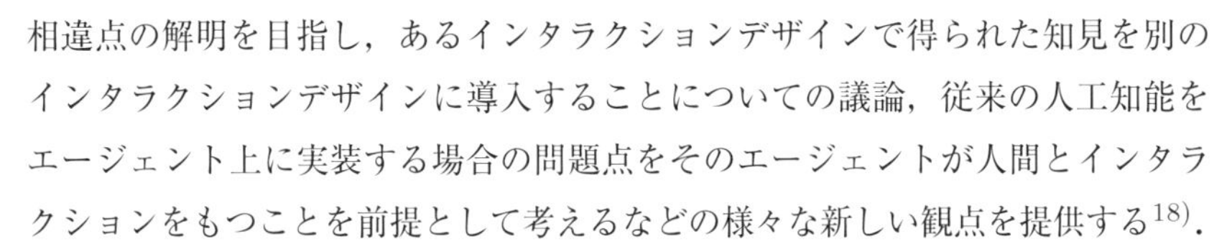

相違点の解明を目指し，あるインタラクションデザインで得られた知見を別のインタラクションデザインに導入することについての議論，従来の人工知能をエージェント上に実装する場合の問題点をそのエージェントが人間とインタラクションをもつことを前提として考えるなどの様々な新しい観点を提供する[18]．

9.2.1 HAIにおけるエージェント定義の拡張

HAIにおける“エージェント”とは，従来の人工知能の設計側の観点からのエージェントの定義とは少々異なり，一歩進めてインタラクションをもつ人間側の解釈を重視する．つまり，人間が従来のエージェントの定義であるエージェントらしさ（エージェンシー（agency）と呼ばれる）を対象に対して感じたとき，対象（人工物でも自然物でもよい）はエージェントとなる．よって，解釈する人間に依存するもので，非常に主観的である．このようなエージェントの定義をHAIが採るのは，HAIにおけるエージェントとは何かという問いそのものも，HAIの研究課題だからである．

9.2.2 HAIにおけるインタラクションデザイン

次に，HAIにおけるインタラクションデザイン（interaction design）とは，人間とエージェント間でやりとりされる情報の設計を意味する．この考えも，従来のユーザインタフェース設計の意味でのインタラクションデザインの枠組みを拡張している．

人間とエージェント間でやり取りされる情報の設計とは，そのやり取りされる情報そのものの設計に加え，エージェント自体の設計のうち，そのような情報に強く影響する部分の設計を含む．以下に，具体的な設計対象を示す．

- **外見**（appearance）：そもそもエージェントは，どのような外見，身体をもつように設計すればいいのかは，まだまだ未解決の問題である．この問題を解明するためには，エージェントの外見とエージェントのその他の属性（機能など），人間の解釈などとの関係を調査することが必須である．
- **やりとりされる情報の表現**：エージェントは，情報を表出する場合のどのような表現で表出すべきかを考える必要がある．一般には，その表現はタスクやエージェントの外見などの属性に依存する．具体的には，自

然言語の音声合成を利用して発話するのが良いのか，ノンバーバルな表情やジェスチャーの方が良いのかなどの課題がある．

- □ **エージェントの機能**：エージェント自体がどのような機能を持つべきかということは，従来のエージェント設計論と類似しているが，HAIでは，人間とエージェントの協調タスクの実現，人間との継続的で円滑なインタラクションの維持を目的とした，エージェントの機能の実現となる．より具体的には，以下の設計対象がある．
  - **エージェントの学習機能**：エージェントから人間への適応を実現する学習アルゴリズム，あるいは逆に人間が適応しやすいエージェントの学習アルゴリズム．
  - **人間の状態を推定する機能**：ユーザの状態がわからずにユーザに対応することはできない．よって，ユーザが現在どのような状態であるのか，例えば，エージェント からの情報通知（notification）を受け入れる状態か否かを推定する機能をエージェントに実装する必要がある．

9.2.3　適応ギャップ

HAIにおける代表的な研究である適応ギャップ（adaptation gap）[12]を紹介する．適応ギャップとは，人間があるエージェントの初めて出会ったときに，人間が推定するエージェントの機能 F_{before} と実際にインタラクションを経た後に認識したエージェントの機能 F_{after} の差を意味し，次式のように定義される．

$$AG = F_{after} - F_{before}$$

機能 F 自体が抽象的な概念であるが，実際には何らかのタスクのパフォーマンスを数値化，ベクトル化したもので記述される．ここで，エージェントの機能はどこから決まるかというと，エージェントの外見からの影響が大きいと考えられる．この適応ギャップに関して，以下の「適応ギャップ仮説」が立てられ，実験的に検証されている．また，図9.2は，適応ギャップおよび適応ギャップ仮説を表している．

図 9.2　適応ギャップ

適応ギャップ仮説

- $AG < 0$ $(F_{after} < F_{before})$：ユーザが推定した機能 F_{before} が，実際に認識された機能 F_{after} を超えている場合で，いわゆる過大評価（over estimation）である．この場合，ユーザはエージェントに失望して，インタラクションを継続しない．
- $AG \geqq 0$ $(F_{after} \geq F_{before})$：実際に認識された機能 F_{after} がユーザが推定した機能 F_{before} 以上の場合で，過小評価（under estimation）であり，予想以上（$F_{after} = F_{before}$ の場合は予想通り）によくできているエージェントに対し，インタラクションを継続する．

HAI の重要な点は，HAI のデザインにおける何らかの仮説を立てて，それを参加者実験で検証するという方法論をとる．これは，心理学や自然科学の方法論と類似しているが，HAI ではあくまで工学的に意義のある，つまり人工物を実装することにつながる仮説である．この適応ギャップが成り立てば，「最初に推定される機能と認識された機能の差分とインタラクションの継続の関係を明らかにする」ことになるので，例えば最初に推定される機能を実際の機能とあまり差がないように外見をデザインすべきという，HAI にとって価値のある知見が得られる仮説になっている．

次に，前述の適応ギャップ仮説をどのように検証するかが問題となる．ここでは，Komatsu[12] らの研究を紹介する．まず，繰り返し3択問題を実験参加者のタスクとして用意し，各選択時にマインドストームで作られたロボットがビープ音の回数で参加者に正解をアドバイスをする．F_{before} を明確に設定するために，2つの参加者グループ（F_H グループと F_L グループ）に直接的に「このロボットは，X% の正しさで正解をアドバイスする」と教示する．X には，F_H グループには90，F_L グループには10とする．その後，マニピュレーションチェックとして，アンケートで正しさを答えてもらい，確認する．

これで，2つのグループの F^H_{before}, F^L_{before} がそれぞれ90%あたりと10%あたりに設定される．そして，まずチャンスレベルの33%の正しさで，何回か3択ゲームをやってもらう．これは，アドバイスの正しさを認識する探査フェーズ（exploration）であり，ここで参加者は正解からロボットのアドバイスの正しさを認識する．よって，2つのグループの F^H_{after}, F^L_{after} がともに33%あたりとなる．そして，最後に利用フェーズ（exploitation）として，同じゲームを繰り返してもらう．この実験における，インタラクションの継続は，ロボットのアドバイスに従うことと考えるので，この利用フェーズにおいて何回ロボットのアドバイスに従ったかを調べる．

この実験の予測される結果は，次のようになる．グループ F^H_{after} の適応ギャップは，$AG = F^H_{after} - F^H_{before} = 33 - 90 < 0$ となり，その結果，インタラクションが継続しない．また，グループ F^L_{after} の適応ギャップは，$AG = F^L_{after} - F^L_{before} = 33 - 10 > 0$ となり，インタラクションは継続する．

実際に実験を行い，アドバイスに従った回数に分散分析を適用した結果，予測通りの有意差が得られた．これで，この実験の設定に依存した結果ではあるが，適応ギャップ仮説を支持する実験結果がえられた．この研究は，HAIの研究アプローチ[18] の典型的な例であるといえる．

9.3　知的インタラクティブシステム

本章の後半では，これからの人工知能の進むべき方向の一つであると考え

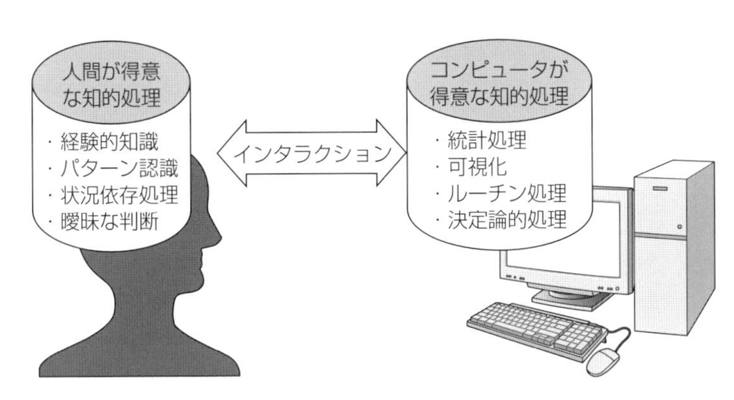

図 9.3 知的インタラクティブシステム IIS

られる，人間と協調して問題解決を行う**知的インタラクティブシステム：IIS** (intelligent interactive systems) の基本的な考え方を示し，要素技術として，**インタラクティブ機械学習**と**ユーザ適応システム**を紹介する．インタラクティブ機械学習は，人間と機械学習システムが協調して学習を行う枠組みであり，ユーザ適応システムは，主にユーザインタフェースの分野において，ユーザである人間にシステム側から適応するシステムの最も基本的なものの一つである．いずれも，知的インタラクティブシステムの進む方向性を示した具体的な研究例である．

IIS は，これまで知能システム単体で行ってきたことの限界を打破するために，人間とコンピュータがそれぞれの得意なタスクを役割分担して，協調的に問題解決を行う一般的な枠組みである（図 9.3）．このようなシステムが今までなかったわけではない（例えば，情報検索における適合フィードバック (relevance feedback)）が，これまでのインタラクティブシステムにおいて人間のタスクが限定的であるのに対し，IIS では，人間に適したタスクの洗い出し，人間の能力を引き出すインタラクションデザイン，人間のタスク実行結果を最大限に活かすアルゴリズムなどが中心的な研究課題となる．

以降では，IIS の実装型であるインタラクティブ機械学習と，IIS の設計にとって重要な人間に適応するシステムの一つであるユーザ適応システムについて説明する．

9.3.1 インタラクティブ機械学習

第7章の「機械学習」における主な学習タスクは，データを2つのクラスに分類する**分類学習**であった．そこでは，クラスラベルの付けられたデータである**訓練データ**（training data）から，クラス分類をする識別関数を獲得することが学習の目的である．

一般に，精度のよい識別関数を学習するには，大量の訓練データが必要であるが，一体その訓練データはどこからくるのであろうか．研究のために，実験的に学習アルゴリズムのパフォーマンスを調べる場合には，既にラベル付けされているデータセット（例えば，UCI レポジトリ）を利用するが，実際に機械学習を応用する際には訓練データは存在していない場合が少なくない．そのような場合，人間と同等の分類を自動的にして欲しいというニーズが大きいため，訓練データのラベルは人間が行うのが一般的である．例えば，猫が写っている写真画像とそうでない画像を分類する分類学習を行う場合には，人間に画像を見せて，「猫が写っている」，あるいは「猫が写っていない」というラベルを画像に付けてもらう必要がある．このラベルを付ける作業を訓練データのラベル付け（labeling）という．

人間がラベル付けを担当し，機械学習システムが訓練データからの識別関数の学習を担当するというように，人間とシステムが役割分担し，学習されたクラシファイアを用いて分類した結果を人間に提示し，またその学習結果を見ながら人間が新たなラベル付けを行い，その訓練データを分類学習システムに与

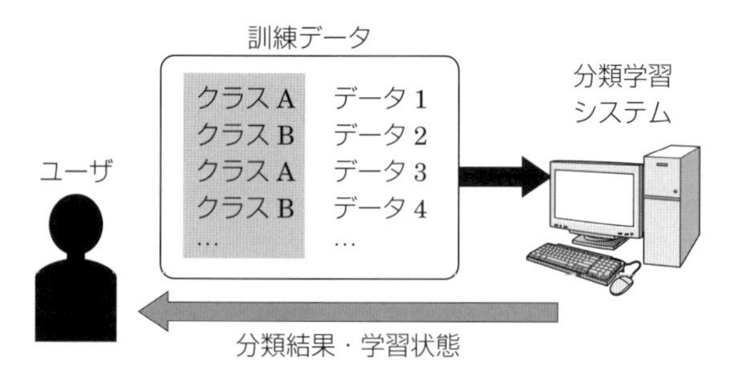

図 9.4　インタラクティブ機械学習

え，再度学習がされるというループを繰り返す枠組みが**インタラクティブ機械学習** (interactive machine learning)[7), 10)]（図 9.4）である．このように，インタラクティブ機械学習（図 9.4）は，知的インタラクティブシステム（図 9.3）の一つの実現型になっている．

このインタラクティブ機械学習が全体としてうまく働くには，以下のような課題が考えられる．これらの課題に対し，学習アルゴリズム，ユーザインタフェースの開発の両面から対処することが重要である．

1. **高速な学習：**人間がデータのラベル付けをした後，システムがそれを使って学習して，その学習結果による分類結果を人間に返すまでの時間は，5 秒以内であることが望ましい[7)]．それ以上かかると，人間にフラストレーションが溜まり，円滑なループが難しくなって，使ってもらえなくなる可能性が増す．つまり，システムの使う分類学習アルゴリズム自体が高速である必要がある．
2. **少数訓練データからの学習：**人間がインタラクティブにラベル付けを行う場合，大量のデータに対してラベル付けを行うことは難しい．よって，通常の学習アルゴリズムよりも，少数の訓練データからそこそこな精度で学習可能なアルゴリズムが必須となる．
3. **分類結果/学習状態の見せ方：**人間にラベル付けだけでなく，ラベル付け対象のデータの選択も任されている場合，人間は能動学習の一部を行うことになる．このとき，人間の能動学習の参考になるように，システムは直前の学習結果により分類した結果を人間に提示する（図 9.4 中の“分類結果”）．しかし，どのように分類結果を見せれば，人間の能動学習を促進できるのかはまだ明らかではない．また，システムの学習がどの程度進んでいるのかという学習状態を可視化することで，人間の能動学習を促すことも重要であるが，その戦略もまだ明確になっているとは言いがたい．

上記の課題 3 について追記すると，制約付きクラスタリングを用いたインタラクティブクラスタリング（インタラクティブ機械学習とほぼ類似の枠組み）において，人間によるラベル付け対象データの選択を促進する GUI デザインの

研究[20]がある．また，強化学習による行動学習ではあるが，学習状態を可視化して人間の教示の適応を引き出す研究として，社会的に誘導された機械学習SGML（socially guided machine learning）[6]がある．

さらに，インタラクティブ機械学習における人間のタスクは，従来のデータのラベル付けだけに留まらず，分類学習における探索の一部[10]，能動学習[5]，能動学習におけるラベル付けデータの選択[20]，アンサンブル学習のパラメータ調整[17]などのタスクにまで拡張されており，これからも様々な人間の得意なタスクを取り入れる方向に進むと考えられる．ただし，現状では，人間とコンピュータのそれぞれの得意なタスクを効果的に切り分けているとは言いがたい．今後，特に認知科学的な側面から人間とコンピュータの役割分担の基準を一般的かつ明確にしていくことが望まれる．

さらに，ESPゲームで有名である，ユーザは単にゲームをやることで知らないうちにラベル付けなどのタスクが遂行される目的をもったゲーム（games with a purpose）やヒューマンコンピュテーション（human computation）[13]により，複数のワーカーにより大規模の訓練データのラベル付けを行うことも行われている．また，インタラクティブ機械学習は，そのユーザインタフェースをどのようにデザインするかが重要になるため，ヒューマンコンピュータインタラクション（HCI: Human-Computer Intearction）の分野で研究がされる場合が多い[7, 10]．

9.3.2　ユーザ適応システム

人工知能，特に学習システムをユーザに適応するシステムであるユーザ適応システム（user adaptive systems）の構築に応用する研究がある．この研究は，主にHCIの分野で研究されており，ユーザに適応してユーザインタフェースを変化させることのできる適応ユーザインタフェース（adaptive user interface）と呼ばれている．この適応ユーザインタフェースにおいて，基本的かつ広く使われているものとして，適応スプリットメニュー（adaptive split menu）があるが，そこで利用されている一種の学習アルゴリズムは，7章の「機械学習」とは趣が異なり，認知科学の系列学習（sequence learning）[16]に類似したもので

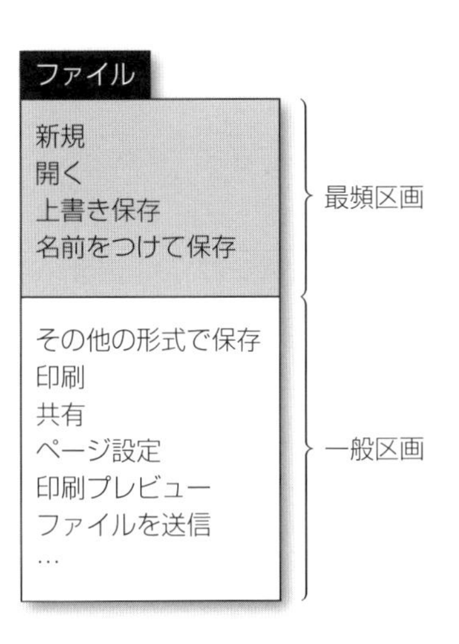

図 9.5　スプリットメニュー

ある．つまり，その学習タスクは，生成される記号の系列を観察し，そこから次に生成される記号を予測することである．一方，ユーザが自分の使いやすいようにユーザインタフェースなどをカスタマイズできるシステムは，**適応可能システム**（adaptable systems）と呼ばれる．

スプリットメニュー（split menus）[15] とは，プルダウンメニューを区切り線で上下 2 つの区画（それぞれ，**最頻区画**，**一般区画**と呼ぶ）に分割したメニューである（図 9.5）．最頻区画には，ユーザが最もよく使う 4 つほどのメニューアイテムが配置され，それ以外のアイテムメニューが下の一般区画に配置される．なお，各区画でのメニューアイテムの並び順は，アルファベット順か，使用頻度の大きい順が使われる．このようなスプリットメニューは，従来のメニューよりも利用する際の効率がよいことが実験的に調べられている[15]．

スプリットメニューでは，最頻区画のメニューアイテムが固定されていたが，ユーザのメニューアイテムの利用履歴に基づいて，このメニューアイテムを動的に更新するのが，**適応スプリットメニュー**（adaptive split menu）である．この更新手続きとして，以下のような将来利用されるメニューアイテムを予測

するアルゴリズムが提案されている．なお，最頻区画のメニューアイテム数を m とする．

- □ **MRU（Most Recently Used）アルゴリズム**：最近使われた m 個のメニューアイテムで最頻区画を更新する．更新と同時に，他のアイテムで一般区画も更新する．最頻区画におけるメニューアイテムの順序は，使用時刻の新しい順である．
- □ **MFU（Most Frequently Used）アルゴリズム**：これまでに最も多く使われたメニューアイテム m 個のメニューアイテムで最頻区画を更新する．更新と同時に，他のアイテムで一般区画も更新する．最頻区画におけるメニューアイテムの順序は，頻度の多い順である．
- □ **MRU アルゴリズムと MFU アルゴリズムの組合せアルゴリズム**：MRU アルゴリズムと MFU アルゴリズムを組み合わせて，最頻区画のメニューアイテムを更新する．この更新にはいつか方法がある[8)]が，代表的なものが次式により更新されるメニューアイテム f の重み w_f の最大 m 個を最頻区画に配置する方法である[9), 14)]．

$$w_f = \sum_{i=1}^{n} \frac{1}{p}^{\lambda(t-t_i)}$$

ここで，w_f はメニューアイテム f の重み，n は過去の f への全アクセス回数，t は現在の時刻，t_i は f への i 回目のアクセスの時刻，$p \geq 2$，$\lambda (0 \leq \lambda \leq 1)$ である．p と λ で，MRU と MFU の強さを制御でき，これらのパラメータは実験的に決められる．$\lambda = 0$ の場合，このアルゴリズムは MFU と同じになり，p，λ の値が大きくなると MRU に近づいていく．

上記の 3 つのアルゴリズムのいずれかを用いることで，適応スプリットメニューの最頻区画と一般区画に配置するメニューアイテムを動的に変更することが可能である．スプリットメニューは，最頻区画に将来よく使われるメニューアイテムを配置することで，メニューアイテムへのアクセスが効率化される．よって，MRU アルゴリズムは，最近使われたものはこれからもよく使われるというヒューリスティックを実現しており，MFU アルゴリズムは，過去にたくさん利用されたメニューアイテムはこれからもよく使われるというヒューリスティックを実現している．そして，MRU と MFU の組合せアルゴリズムは，それらのバランスを取っている．

これら 3 つのアルゴリズムのいずれを利用するのがよいかは一概には決まらないが，一つの手がかりとして，予測アルゴリズムの仕組みの理解しやすさとその予測精度が，最頻区画の利用頻度や全体のパフォーマンスに与える影響が示唆されている[11)]．また，一般的には，MRU アルゴリズムは，ユーザが最も理解しやすい予測アルゴリズムの一つであると考えられる．

一方，ユーザは，“不可避的に対象に適応する” ため，適応スプリットメニューに対しても，メニューアイテムの順序を覚えて，視覚探索（visual search）を削減し，メニューアイテムへのアクセスを高速化するという適応を行う傾向がある．このとき，ユーザがメニューアイテムの順序を覚えた後に，システム側が最頻区画のメニューアイテムを変更してしまうと，お互いの適応が干渉してしまう状況が生じる．これは，**適応干渉**（adaptation interference）と呼ばれる[19)]．この適応干渉を避けるためには，システムからの適応速度（適応スプリットメニューの場合は，メニューアイテム変更タイミングの速度）を遅くする，ユーザが理解しやすい適応アルゴリズムを設計するなどの方法がある．

知的インタラクティブシステム（図 9.3）のインタラクションデザインにとって，ユーザ適応システムは重要な機能である．システムからユーザへの適応の重要性もさることながら，ユーザからシステムへの適応を妨害せずに引き出すことも，IIS の円滑なインタラクション実現に必要となる．そのような IIS のインタラクションデザインのために，ユーザ適応システムは有益な知見を与えてくれる．

演習問題

(1) 車を運転するエージェントにおける環境，センサ部，アクチェータ部，知識・モデル，性能測度を具体的に示せ．

(2) 次のタスクを行うエージェントが対象とする環境を 9.1.3 節に従い分類せよ.
(a) 車の運転　　(b) 車の故障診断　　(c) チェス

(3) ヒューマンエージェントインタラクションにおけるエージェントの定義と従来のエージェントの差異を 2 つ挙げよ.

(4) 人間によるラベル付けに利用できそうな非明示的ユーザフィードバックを考え，またその理由も記述せよ.

(5) ユーザ適応システムで，ユーザが理解しやすい適応アルゴリズムにより，適応干渉を避けることができることを説明せよ.

文　献

1) M.R.Genesereth and N.J.Nilsson,"Logical Foundations of Artificial Intelligence", Morgan Kaufmann, 1987.

2) S.Russell and P.Norvig, "Artificial Intelligence, A Modern Approach, 3rd Edition" Prentice-Hall, 2010.

3) 石田 亨, "エージェントを考える," 人工知能学会誌, Vol.10, No.5, pp.663-667, 1995.

4) 浅田 稔, "ロボットの行動獲得のための能動学習," 情報処理, Vol.38, No.7, pp.583-588, 1997.

5) R. Castro, C. Kalish, R. Nowak, R. Qian, T. Rogers and X. Zhu, "Human Active Learning", Advances in Neural Information Processing Systems 21, pp.241–248, 2008.

6) C. Chao, M. Cakmak and A. L. Thomaz, "Transparent active learning for robots", Proceedings of the 5th ACM/IEEE International Conference on Human-Robot Interaction, pp.317–324, 2010.

7) J. A. Fails and D. R. Olsen Jr., " Interactive machine learning", Proceedings of the 8th International Conference on Intelligent User Interfaces, pp.39–45, 2003.

8) L. Findlater and J. McGrenere, "A comparison of static, adaptive, and adaptable menus", Proceedings of the SIGCHI conference on Human factors in computing systems, pp.89–96, 2004.

9) S. Fitchett and A. Cockburn, "AccessRank: predicting what users will do next", Proceedings of the 2012 ACM annual conference on Human Factors in Computing Systems, pp.2239-2242, 2012.

10) J. Fogarty, D. S. Tan, A. Kapoor and S. Winder, "CueFlik: interactive concept

learning in image search", Proceedings of the 26th Annual SIGCHI Conference on Human Factors in Computing Systems, pp.29–38, 2008.

11) K. Z. Gajos, K. Everitt, D. S. Tan, M. Czerwinski and D. S. Weld, "Predictability and accuracy in adaptive user interfaces", Proceeding of the 26th Annual SIGCHI Conference on Human Factors in Computing Systems, pp.1271–1274, 2008.

12) T. Komatsu, R. Kurosawa and S. Yamada, "How Does the Difference Between Users' Expectations and Perceptions About a Robotic Agent Affect Their Behavior?", *International Journal of Social Robotics*, Vol.4, pp.109–116, 2012.

13) E. Law and L. von Ahn, "Human Computation", Morgan & Claypool, 2011.

14) D. Lee, J. Choi, J.-H. Kim, S. H. Noh, S. L. Min, Y. Cho, and C. S. Kim, "On the existence of a spectrum of policies that subsumes the least recently used (LRU) and least frequently used (LFU) policies", Proceedings of the 1999 ACM SIGMETRICS International Conference on Measurement and Modeling of Computer Systems, pp.134–143, 1999.

15) A. Sears and B. Shneiderman, Split menus: effectively using selection frequency to organize menus, *ACM Transactions on Computer-Human Interaction*, Vol.1, pp.27–51, 1994.

16) R. Sun adn C. L. Giles, "Sequence Learning: From Recognition and Prediction to Sequential Decision Making", *IEEE INTELLIGENT SYSTEMS*, Vol.16, pp.67–70, 2001.

17) J. Talbot, B. Lee, A. Kapoor, and D. S. Tan, "EnsembleMatrix: interactive visualization to support machine learning with multiple classifiers", Proceedings of the 27th International Conference on Human Factors in Computing Systems, pp.1283–1292, 2009.

18) 山田 誠二, "HAI 研究のオリジナリティ", 人工知能学会誌, Vol.24, pp.810–817, 2009.

19) 山田 誠二（監著）, "人とロボットの〈間〉をデザインする", 東京電機大学出版局, 2007.

20) 山田 誠二, 水上 淳貴, 岡部 正幸, "インタラクティブ制約付きクラスタリングにおける制約選択を支援するインタラクションデザイン", 人工知能学会論文誌, Vol.29, No.2, pp.259–267, 2014.

索　引

サ 行

マ　行

ヤ　行

ラ　行

英文

〈著者略歴〉

馬場口登（ばばぐち　のぼる）

1979年　大阪大学工学部通信工学科卒業
1981年　大阪大学大学院工学研究科
　　　　前期課程修了
1982年　愛媛大学工学部助手
1984年　工学博士（大阪大学）
1987年　大阪大学工学部助手
1990年　大阪大学工学部講師
1993年　大阪大学産業科学研究所助教授
2002年　大阪大学大学院工学研究科教授
　　　　現在に至る

山田誠二（やまだ　せいじ）

1984年　大阪大学基礎工学部制御工学科卒業
1989年　大阪大学大学院基礎工学研究科
　　　　博士課程修了
　　　　工学博士
同　年　大阪大学大学院基礎工学研究科助手
1991年　大阪大学産業科学研究所講師
1996年　東京工業大学大学院総合理工学研究科
　　　　知能システム科学専攻助教授
2002年　国立情報学研究所／
　　　　総合研究大学院大学教授
　　　　現在に至る

- 本書は，昭晃堂から発行されていた「人工知能の基礎」を改訂し，第2版としてオーム社から発行するものです．オーム社からの発行にあたっては，昭晃堂の版数を継承して書籍に記載しています．

人工知能の基礎（第2版）

1999年 3月29日　第1版第1刷発行
2015年 2月25日　第2版第1刷発行
2025年 3月10日　第2版第7刷発行

著　者　馬場口登
　　　　山田誠二
発行者　村上和夫
発行所　株式会社オーム社
　　　　郵便番号 101-8460
　　　　東京都千代田区神田錦町 3-1
　　　　電話 03(3233)0641(代表)
　　　　URL https://www.ohmsha.co.jp/

印刷・製本　三美印刷

ISBN978-4-274-21615-2　Printed in Japan